雑説 技術者の脱炭素社会

【改訂増補版】

村上信明

梓書院

雑説　技術者の脱炭素社会

【改訂増補版】

村上　信明

はじめに

本書はエネルギー・環境問題、また低炭素・脱炭素技術について、今までの経緯と今後について、短くはない期間、企業また大学で本分野に関わってきた技術者としての知見と所感を記したものです。表題「技術者の脱炭素社会」にある「技術者の」には、「技術者にとっての」という意味と、一般の方にも知って頂きたい「技術者がおかれている状況としての」という意味の双方をもたせています。趣旨は最初の序に記した通りですが、「この分野の技術者にとっては当然の内容、常識の類」も多く、通常の文章にするのもためらわれたこと、「その他諸般の状況」に鑑みて、少々窮屈な構成・文体と多くの日常馴染みのない語彙を用いています。普段とは違った感覚で読んで頂き、想いを巡らせるきっかけにして頂ければと期待するところです。各項目は内容的には一応それぞれ独立しており、「序」を一覧された後はどこから読み始められてもいい形にはしています。

ここで、「この分野の技術者にとっては当然の内容、常識の類」というのは、具体的には次のようなことです。エネルギー・環境問題を考えるには、関連する原理原則についての知識とともに、部分的な高効率・クリーンには余り意味なく、疵《きず》は多くとも真っ当な全体が重要であること、もとのエネルギーと、二次エネルギー、その利用機器の区別の明確化が必要であること、温暖化問題は、まず元の一次エネルギーを何にするかが基本的課題であること、低炭素はともかく、本格的脱炭素とするには特別な課題があること、などの認識が不可欠です。ただ、これらは、特段新しいことではなく、中には、既に今まで多くのことが言われ、それこそ一〇年以上も以前から識者が指摘してきたものもあります。従ってこれらを通常の文章にすれば、屋上さらに屋を架しただけに終わる怖れなしとしません。

また「その他諸般の状況」とは、例えば次のようなことです。エネルギー・環境分野はもともと政治経済的な色合いが強く、国家や関連産業界の覇権闘争の元となる面があることは否めないところです。一技術者としては、昨今のこの分野の急激な変化、国内外の情勢、更には想定される様々な対応技術に少なからず困惑し、屈折する想いがあります。そしてその規模の大きさ広範性、切迫性に鑑みれば、その想いは特別なことではなく、多くの技術者にとっても自然なことのようにも思えます。この困惑や屈折の想いを託するにはこのような形も一案ではと考えた次第です。

なお本文は、令和二年の秋に最初の案をつくり、その後、この分野の状況変化を考慮しつつ添削、加筆修正をくわえて今日に至ったものです（丁度「低炭素」の用語が急速に「脱炭素」に置き換えられていった時期に相当します）。できるだけ中長期的な観点からの内容になるようにしたつもりですが、上記の通り執筆動機の一つが現時点でいわれている脱炭素社会への一技術者としての困惑ですから、今後状況が変わればそぐわない部分が出てくるかも知れません。また本書の性格上、具体的な技術的内容に精確さは期し難いので、必要があれば別書に拠って頂きたく思います。

今、脱炭素社会は世界挙げての目標となり、各所でなされまた今後もなされるであろう広範な議論からすれば、本書に記すところは実にその一斑にすぎませんが、エネルギー、温暖化・気候変動などの環境問題の現在、そして将来を考える上で本書が少しでも参考になれば幸甚に思うところです。

最後に、本書の出版に際しお世話いただきました株式会社梓書院の皆さまのご高配に、深く感謝の意を表します。

令和三年九月

著者しるす

今回（令和五年八月）、諸般勘案し、改訂増補版を上梓することと致しました。その趣旨につきましては、巻末の「改定増補版刊行の経緯」をご参照ください。

＊今回の改訂増補版では、補足資料（拙著『昨日今日いつかくる明日』からの抜粋）は削除しました。

雑説　技術者の脱炭素社会【改訂増補版】　目次

序

先生が大学居室傍に*公孫樹《いちょう》の一樹あり、因りて自ら号して孫樹《そんじゅ》先生となす。*淵明五柳先生にならひたるものなり。先生、社会に出でしより怱々閲《そうそうえつ》半世紀、数年の前、機械工学担当教員定年を期して職半ば辞したれど、なほ企業等よりの委託また知己教員よりの依頼受け実験にいそしむ日々あり。時に客あり、孫樹先生、もとは化学専攻の技術者なれば、来客また同類の仁多くして、或いは同業の教員、企業人、或いは卒業生、旧友来りて談ず。談ずるところのもの、多くは先生久しく関与せしエネルギー・環境技術にわたる。三、四人集ひ来りて、ある人一場の弁舌を揮ふもあり。素養経験相似たれば、見《けん》また相似るを憾みとなす。先生云ふ、わが言、半世紀の技術屋生活がうちにおのづから備はりしものにして、格別の学術的系統的の*考覈《こうかく》が所産にあらず、重きをもつて聴くに足らずと。而《しか》して中に多少の興なきに非ざるものあれば、折々の感慨など含め書きとどめ置きたり。明日には退き、為すなくして時景愉しむ身とはならん老生なれば、読み易きに少しく構成し、文辞未だ整はざる聊《いささ》かはあれど、ここに取りあへずの一書をつくりて、諸賢が参考に供するものなり。表題に「雑説」と冠す。まとまりたる論ならず、いはんや具体的方策提示の意あらざる、以て示すがためなり。

昔日、先生企業にありし時、定年近き先輩に、この分野に経験せしところ、思ふところまとめ著《あらわ》さんことを請ふ。先輩の答へに曰く、斯界《しかい》の動き疾《はや》くして複雑、定見記すること頗る難なり、われ一介の律儀の技術者、豈《あに》疎漏の論、曖昧の言残して、*方寸安く余生送り滅せんやと。先生再びは請はずしてこのこと終れり。而してこの書この述、いかなる*数もたらすや、先生知らず。

目障りともならんが、文芸作品にあらねば、随時語句釈を人物略歴と併せ付す（*印つけたるもの）。

公孫樹 いちょうの漢名、孫の代にやっと実がなることから。 **淵明五柳先生** 陶淵明は中国晋の時代の詩人、宅辺に五本の柳があったので五柳先生と自称した。 **考覈** 考え、しらべること。 **方寸** ここでは胸中、心。心臓の大きさが一寸四方と考えられていたことによる。
数 ここでは運命、巡りあわせ。

1　温暖化問題の事

ある人の云ふ、

温暖化抑止がためのCO_2（二酸化炭素）削減、大声*疾呼《しっこ》されて久し。今、勢ひ既に決すが如くなれど、その懐疑の論もまた変はらずしてあり。これ互ひに*侃諤《かんがく》の論を為すといふにあらずして、相手が言*謬誕《びゅうたん》となしての非難冷嘲の場外抗争なれば、収束期し難き感、なほ拭ふ能はず。これらの裡《うち》にある人、相手の理に折れ論に服するは、生あるがうちには無きが如くなり。時に要路のまた市井の人の云ふ、「科学」に遵《したが》ふべしと。これ科学的内容の是非ならず、科学者かく云ひたり、といふに過ぎざれば、彼らが責なほ重きと目さずんばあらず。

改めて思ふ、今、エネルギー・環境を主題となしたる工学の講義多く、教官その具体的技術、課題の本題講ずるに、前提なる温暖化、気候変動、かつは化石燃料枯渇に云ひ及ぶこと必須にして避けえず。企業技術者、研究開発の提案書冒頭にそれ記するをまた躊躇《ためら》はず。されど、今に至るも厳しき論ある温暖化につき、彼ら専門家にあらずして、微妙のところ「……とされてあり」なる伝聞に托するほか術を有せず。
　尤も、彼ら例へば環境ホルモンの医学的影響につきては専門の外《よそ》なり。石油の埋蔵量も実地に調査せし訳でもなけれど、温暖化問題は別して難とせずんばあらず。大学の教員、書物よりの知識に依りて学生に教授するのみ。遑《いとま》なければ気象学基礎の*瞥見《べっけん》に及ぶ教員すら少なからん。すなはち人為的CO_2排出と温暖化の関係につきて、一般以上の答へ用意あるなし。量子力学、量子光学の素養要する原理的部分の不明なるやむを得ざること、進みてコンピューター模擬《シミュレーション》計算に係る気温将来予測の定量性また確度、果ては政治、金融、関連業界の確執闘争まで含めし背景に到りては、関はる余裕更になければ不案内なること、宜《むべ》にして*贅言《ぜいげん》を要せず。
常は慎重にして口訥《とつ》なるひと、語を進めて云ふ、
　頃日《けいじつ》、さる所にエネルギー技術の講演機会あり。聴講の一人の若き、講演後のわれに寄り来りて問ふ、方今に至るも地球温暖化の議論なほ多し、このままCO_2の排出続かば、温暖化進み地球環境破滅に及ぶべし、これ真実なるや、虚偽なるや、先生如何《いかん》の感をなせるやと。われその答への略に曰く、真実、虚偽は技術者に問ふに以てする用語にあらず。大気

中のCO_2濃度倍すれば、世界の各研究機関の模擬計算結果、気温上昇二・一から四・七℃の範囲に分布すとの報あり、先生これ妥当と思ふや、或いはより高く、低くなると考へるや、将《はた》また、予測計算に重き要素の考慮の外あるがため疑はしと思ふや、なる趣の問ひなれば有難し。尤もいづれにあれ、われただ告ぐるのみ、その知識経験なくして答ふ能はず、ご*寛恕《かんじょ》乞ふ、人類CO_2大量に排出しきたり、これなほ続き、かつはCO_2分子に赤外吸収能あれば、幾許《いくばく》の影響なくしてはあらんの漠たる感のみ、肝要のその定量性に及びては知るところ更になし、と。

退きて鑑みるに、われら技術屋また流動、燃焼、化学反応など模擬計算多くなせど、他人の結果に単純無条件に服する、これ少なし。いはんや複雑膨大、不確定パラメータ多数の模擬計算になる長期予測なり。この計算の性格よりして唯一絶対、或いは最高のプログラムといふものなく、更には第三者の検証、不可能とはいはずも実際にはなかなかに困難なるべし。当の本人ら、これ不確実性ある複雑困難の将来予測にして通常の科学とは異なれりとするも宜ならんや。直《ただち》の確認また再現可能の実験に依れるわれら、日頃の苦心はあれど、すなはち幸ひといふことなるべし。専門の外なること、迂闊《うかつ》の言辞弄するは身危ふければ、これにて止む、と。

孫樹先生曰く、

かくなる模擬計算は、実以て経験したる人、課題また結果の評価、漠とながら量《はか》ること能ふべきも、経験なき人には判じ難きといふ典型ならん。かほどの規模・複雑にはあらずも、例へば化学の分野に、多数の素反応、素過程を含む模擬計算必要なるケース少なからず。燃焼反応解析、その一例にして、実験結果と整合せざる場合、或いは参照のパラメータ数値に信頼性薄き場合、もとよりあり。ある活性の種生成し、ために忽として様態一変し、計算時間刻み再考の要あること、またこれあり。然《しか》ると雖も、今は暫定なるパラメータ、いつの日か量子化学のそれ定量的に示しくれ、精確の計算に依らば、全体分明とならんの期待あり。貴君云ふ、実験また基礎理論によりて確定可能のわれらが生業への感謝の意、今相《あい》同じうするものなり、と。

疾呼 慌ただしく呼びたてること。　**侃諤** 侃々諤々の略。大勢で盛んに議論するさま。
謬誕 あやまり、でたらめ。　**瞥見** ちらと見ること。短い時間に見ること。　**贅言** 無駄な言葉。
寛恕 広い心でゆるすこと。

2　時代の遷移の事

同齢の友の来たりて云ふ、
　時代の遷《うつ》る、なんぞ疾《はや》きや、エネルギー問題、本来一時の流行《はや》り廃《すた》りとは縁薄き典型例にして、五〇年、一〇〇年なる長き射程を以て考ふべき課題なること疑ひあるべからず。然るを、また社会経済情勢、或いは世論に依りて急激の揺動あること多き、今眼前に見るが如し。
　転《うた》た今昔、顧みるに、今より時を隔つわずか二〇余年の一九九〇年代中頃、太陽光など再生可能エネルギーの開発、これ化石燃料の枯渇抑制と地球温暖化防止、双方へ貢献せんがためなりき。既に温暖化問題はあれど、化石燃料枯渇対策の比重、より大にして、CO_2何トンの削減といふより、石油何トンの節約といふ表現一般なる時代なりき。然り、再生可能エネルギー開発は、多く先々の化石燃料枯渇への対応がためなる時代、更には電力に偏せずして、エネルギー全般の議論なされし時代と覚えし。方今実施さる多くのテーマのCO_2対策技術、その原型あらまし固まりたるも実にこの時代ならん。

エネルギー供給の将来につきては、長期的には高価・劣質となり行く石油、或いは天然ガスに替はりて、埋蔵量豊富の石炭利用せられ、その不足分を太陽光、風力、水力発電、バイオマスなど自然エネルギーによりて補ひ、可能なるもの順次置き換へゆかん、高速増殖炉、核融合炉実用に供さるあれば、その分の余裕生ずるも、現状の軽水炉原子力ある割合にて並行使用さる、これ当時の標準的シナリオにして、二十一世紀末には石炭まだ余裕あるも石油枯渇に向かひ、CO_2排出せんにもそれ自由ならずの状の筈なりき。

加へて思ふに、その後の一時期、奇なるに似たりといふべきことあり。温暖化云ふひと、化石燃料枯渇を説かず、逆に化石燃料枯渇云ふひと、温暖化を軽んずるの傾きあり。もとよりともに真実重大となすひと、ともに虚妄些事となすひとまたあり。

二〇二〇年の今、その位相大きく移りたるの概あり。化石燃料が先々のこと、人口にのぼる多くなく、人為CO_2による気候変動こそ、人類の危機にして、その対策最優先の意見、現在公的に表明さる範囲での大勢とはなれり。すなはち、「CO_2による人為的温暖化の脅威」の、「化石燃料枯渇の怖れ」を越えて深刻に議論され、一世の輿論《よろん》となりしは、たかだかこの十数年前よりのことなり。而《しか》して慌ただしく太陽光、風力、バイオマス発電など動員されてあり。これら以前よりこの双方に資するものにして開発なされてあれば、心も衣装も備へ整はぬに舞台へ押し出されし倡優《しょうゆう》が如くに非ざるは幸ひなりき。
述上二〇余年前に強調されし如く、化石燃料枯渇と温暖化、この対策の方向相同じうして、程度の差あれど、一部除けば大半の関連の技術開発は双方に寄与するもの、これ別して記すべき幸ひなり。されど二〇がうち四、五のCO_2削減は、概ねこの僥倖《ぎょうこう》に沿ふべきものならんが、脱炭素さしてなほ越え行かば、それよりの乖離《かいり》が惧《おそ》れ無きや、すなはちこの二つの抑制対策は今後如何なる関係となり行くや、これ談ずるに余裕あるひと周りにあらざれば、時に心惑ひて安からず、と。

孫樹先生曰く、
久しく懼《おそ》れてゐたる化石燃料の減耗枯渇なるに、今、脱炭素がため自発して放棄せんとなす。この間、大画期なす技術革新ありとは思へず、否むしろ原子力利用の不安顕《あらわ》るあれば、われまた不思議の感に稍《やや》越ゆるものあり。ただある文の意に云ふ、良き箭《や》良き機にして、空に雕《わし》狙ひ定むれば、*一箭双雕《いっせんそうちょう》を得べし、而して熟達の者、二雕得ずも一雕を失はざる射をなす、また良く謀るもの、双功得ずも一功を失はざる計をなすと。われら既に老いたり、微力及ぶべきにあらず。やがて良く射る者、良く謀る者いできたりて、*紛紜《ふんうん》を整へ、末は収まるべきに収まる按配をなさん、思ふべし、と。

倡優　役者、芸人。　**一箭双雕**　一つの行動で二つの利益を得ること。一本の矢で二羽の鷲を射る意。　**紛紜**　物事が入り乱れること、もつれること。

3　脱炭素と化石燃料などの事

先の人、再び来りて云ふ、

今、脱炭素の気運高くして、世界に*獅子吼《ししく》されるあり。それ成就せんがため化石燃料の利用早期に止むべきとの潮流、加へてまたあり。意外、不思議の感なくんばあらず。化石燃料の先行き供給不安は、少なくも*輓近《ばんきん》半世紀、世界の大いなる懸念のもとなりしものなり。その化石燃料、これより三〇年がうちにその利用をとどむ。それも、枯渇損耗進みて、或いは上質のもの取り尽くして価格高騰し、以てやむなきといふにあらず、温暖化に有害なるものとなし自発して放逐せんとの算なり。

その代替の主役は、ひと昔前に想定されてゐたりし増殖炉また核融合、或いはそれよりのち期待もちて言及されしバイオマスにもあらずして、風力、太陽光由来の電力、加ふるにそれよりの水素等誘導体なるが如し。風力、太陽光発電の双方とも、二〇年前には実質的には殆ど普及してはあらず。されどまたこと新しき技術ともいへず。太陽光発電、既に七〇年に近き以前（一九五三年）の発明なり。風力利用、実に太古の昔よりあり、これ発電に応用せらるは十九世紀末葉がことなり。而《しか》してこの二方式の最近の躍進は、性能改善と生産技術の革新、量産による低廉化もとより以て功ありしが、政治の支援これ普及の大いなる力なりき。

頃日、メディアに脱炭素につきての評論記事あり。再生可能エネルギーよりの電力を起点となして、現状電力のみならず、運輸用から現在の石油化学製品、すなはち衣料、合成樹脂に到るまでの用途残らず賄ふといふものなり。その略に曰く、「二〇五〇年のCO_2ネットゼロがためには、電力もとより、今は化石燃料用ゐる他部門の脱炭素化不可欠なり。近時、再生可能エネルギーの発電コスト、世界的に低下したり。これ、三円／kWh程度にまで進みて普く行はるに至れば、暖房、運輸部門の利用につきても今の石油に替へること能ふ。製鉄での鉄鉱石還元、また化学工業、航空機など、電化には難き用途の脱炭素、更には燃料水素の製造も可となならん。日本は、太陽光の資源豊富にして、洋上風力の可能性また大なり。今は資源小国なれど、二十一世紀には……、云々」。もとより、再生可能エネルギーを原子力に移すも、のちの部分の理は変はらず。今、わが国の化石燃料の年間輸入総額に占めるは、略二割から三割と巨額なれば、これなくして済まばまことに良きことにてはあらん。この種論議に往々あるところの錯雑の枝葉少なく、脱炭素の手法分明なり。ただ市井読者の一閲、脱炭素別して難《かた》んずるゆゑなし、政治の決断と産業界の奮起のみと思ふの惧れなしとせず。

退きてわが身含めつらつら案ずるに、石油はじめ化石燃料限りあることに云ひ及びし人々、表立ちたる啓蒙家、警世者に限らず、多数にのぼらん。その趣き学生へ教授したるわれら教員含め、世代の共通認識ともいふも可なり。これらの人々、易くに化石燃料に替はるものなきなれば、大切に末永く使ふが肝要なる類のことを口にし文となし、またその方向けて研究開発、工業化図り以て今日に至れり。今、三〇年後に如上識者の論が如き脱炭素社会の円滑に到来すとせんか、すなはち一〇〇年、一五〇年の先ならずして、かくなる短期に化石燃料の、さしたる難なくて放逐さるとせんか、われら含めこれらの人々、これ迄CO_2削減に貢献なしたる一面はあれど、詮ずるに、化石燃料の貴重性、役割の重要性への拘泥なほ過ぎたることとはならん。

脱炭素社会への転換、これ実に社会の基盤たるエネルギーの供給・利用体系の転換そのものなれば、一国の興亡に深く与《あずか》るあり、また*滄桑《そうそう》の変なくんばあらず。われ幸ひにして、三〇年のちなほ生あれば、上にいふ識者の論含め、今、如何なる人また組織、如何なる根拠もとに、如何なる意図もちて、その主張なせしか、それ記憶に留めおきて、結句、気候変動含め如何なる状に決着せしか、これ知るを老生永らえる一片拠《よ》りどころとはせん、と。

孫樹先生曰く、

われ一〇余年前の自著を『昨日今日いつかくる明日《あした》』と題せり。ここに「いつかくる明日」とは、いろいろの意味含ませたるも、直接には化石燃料使用せざるに至る日を指したるものにして、書中にひきし在五中将「つひに行く道とはかねて聞きしかど昨日今日とは思はざりしを」の「つひに行く道」に托したるも同じ意なりき。ただそれもとより、今日が如く自主的なる停止を図るにあらずして、枯渇して利用能はざるに至るといふ想定なり。

　それともかくとして、すべて再生可能エネルギーの電力経由にして、低炭素を越えて、本格的脱炭素目指さば、この識者いふところの電力価格は妥当の目標なるべし。加ふるに、わが国の場合、今、電力は最終エネルギー消費の四分が一強に過ぎざれば、最終的にはこの廉価電力、相応なる膨大量を要さん。而して時世の俟つところ如何、ことの大きくして、*管見もとより*逆睹《げきと》するに難ければど、畢竟、最終の裁決者は将来の史家記すべき「事実」以外にはなし、と。

獅子吼　雄弁をふるうこと。**輓近**　最近、近頃。**滄桑の変**　大海（滄）が桑畑になるような大きな世の中の移り変わり。**管見**　ものの見方考え方が狭いこと。**逆睹**　物事の結末を予め推測すること。

4 エネルギー利用の原理・原則の事

ある人の云ふ、

これ、いづれも学術深きところにあらずして、日々忙々立ち努《つと》める若き技術者にとりては、云ふに足らざる無駄話ならんが、思ふことあり。

世にあること須《すべか》らく原理・原則といふものあり。エネルギーにつきては特にしかり。ここに具体の例いくつか挙げんか。

今、時にCO_2をして資源となせるもの目にすることあり。これもとより炭素含む物質資源にはあれど、エネルギー資源にてはあらず。或る燃料をば空気（酸素）にて燃焼し、その熱エネルギー利用したるあとのCO_2、これ再び空気にて燃えるべく変えるには、外よりエネルギー加ふ要あり。CO_2に水素を加へて有機物、例へばメタンとする場合を想起すべし。而《しか》して、その場合の利用できるエネルギー量は、加へたる水素の保有エネルギー量を越ゆること決してあらず（剰《あまつさ》へこれ発熱反応なり、ここに精確を期す難ければ絮説《じょせつ》せず）*。無より有の生ずるあれば誠に結構のこととなるも、生憎にしてこれ叶はず。

また、今後いかなる技術進歩ありても、水、或いは水蒸気より水素を作る電力の各段に減ずることなし。或る温度にて、標準状態の水素一立米《りっぽうメートル》を製するに要する最低電力量は決まりたればなり。普遍的法則たるエネルギー保存則の一つの現れなり。されば、将来の期待大なる水素が価格は、直截に電力価格と相関せるものにして、電力代少々高けれど、技術革新によりて廉価なる水素とは成り難し。設備償却など考慮する要あれば単純ではなきも、この基本変はらず。すなはち、将来、期待されるが如く水素廉価にしてそれ遍く電力より得る社会来るとせば、その元なる低廉の電力、以て広く享受できる社会でもあり。普及すれば幾らでも廉価となる普通商品とは、聊《いささ》か趣《おもむき》異にすること意なほ留むべきならん。

　今、「水素とすれば、CO_2排出量増すべし」と云ふ人あり。例へば太陽光発電にて電力を得、そのまま電力として利用せずして、電解水素となし、何処《いずこ》かにて発電するに、その効率四割なれば、少なくも元電力の六割を失ふ。それ事業用火力にて補へば、その分CO_2排出量増さざるを得ず、といふことにて理《わり》無きにあらず。また二〇一八年政府白書に「ＥＶ（電気自動車）にすれば、今の中国にてはハイブリッド車とするよりCO_2排出増加すべし」とあり。これ今、中国に石炭火力発電所多ければ、当然のことにて何らの不思議あるなし。

水素、ＥＶ、そのものとして佳ならず。エネルギー・環境問題、独り其処《そこ》のみ高効率、クリーン、廉価は殆ど意味なくして、システム全体への慮《おもんばか》り肝要といふことなるべし。

続けて云ふ、

　われ一次、二次エネルギーの概念理解に混乱の気味ある学生に教示すること時にあり。一次エネルギーなる化石燃料よりつくられし電力は二次エネルギーと称さる。一次エネルギーの一種たる再生可能エネルギー、例へば風力を利用し「風力発電」といふ方式・装置で得られたる電力も同じく二次エネルギーと称すべし。而してこれら電力よりつくられし電解水素は、三次エネルギーともいふべきも、煩瑣《はんさ》なれば一般に二次（的）エネルギーと称さる。しかるべき海外国の山奥、或いは砂漠に出向かば水素ガス採取できんと思ふ仁、もはやあらざるべし（但し、これなほ保せず、要人失笑を買ふ、今もあるらし聞けばなり）。されば、水素の利用法のみ格別に思ひめぐらすは、元々の食肉野菜作るを外《よそ》に置きて、その調理法心砕くに喩ふべし。これエネルギー問題案ずるの基本と目せど、また様々なる形にてメディアに登場すること多しと雖も、一般世間の理解あるや否や、少しく心許なく思ふことあり。

然り電力、水素は一次エネルギーより製せらる二次エネルギーにて、蓄電池またある種燃料電池はその二次エネルギーの利用機器なり。将来の電動自動車の、蓄電池型とならんか、或いは燃料電池型とならんか、これエネルギーの流れよりすれば、二次エネルギー形態の電気か、水素かの差にすぎず。もとより、この分野には取組むべき技術課題多様にして多く、技術者努めて日進月歩の進歩あり、*向後《きょうこう》の基礎技術、生産技術の大いなる革新期待さるべく、それら成果は、一次エネルギー運用に幅もたせ、普及促す著大の効《しるし》あり。例求むるに低廉かつ環境負荷少なき蓄電池普及すれば、自動車への適用はもとより、太陽光、風力発電の負荷変動の吸収可能となり、因りて調整用火力減ぜられ、CO_2排出低減への貢献成る。ただ、これも必要量の一次エネルギー供給が円滑になさるの前提ありてのことにして、啓発がため言極むれば、水素、ＥＶ、それ自体はCO_2排出抑止と無関係となすも可ならんや。CO_2問題の基本は、一次エネルギーに化石燃料使ふや、或いはそれ以外のもの用ゐるやなる単純至極のものなればなり。

縷々《るる》述べきたりしこれらのこと、いづれも今更改め説くに足らざることなり。ただわれ観ずるに、かくなるエネルギー・環境問題考究の大前提につきての知識・認識、一般衆庶は論なく、直接の関係者以外に余りなきが如し、時に嘆を発せざるべからず、と。

孫樹先生、笑ひて曰く、

これ、論なき贅余《ぜいよ》*の閑話となすに当たらず。昔より識者繰り返し云ひ及べるも、寸毫だに変はらざること、この分野にも少なくはなし。けだし良識の万人に備はるになほ時を要すべし、エネルギーにつきての必要なる知識の相応の人に備はる、これまたなほ時を要すべし、或いは時経るもつひに然ることなきか。ただ、われら相応の責ある身なれば、知識広むるがための労惜しむは、もとよりあるべからずとなすのみ、と。

絮説 くどくどと説明すること。　**向後** 今からのち、今後。　**贅余** 余分のもの。

5　用語と単位の事

ある人の云ふ、

昨今の温暖化、気候変動問題、如何に頻繁に報道にのぼり、広く関心もたると雖も、科学者・技術者でもなき坊間一般人にとりて「二酸化炭素、CO_2」は単なる温暖化に繋がる「ことば」、「用語」にして、一個の炭素原子、二個の酸素原子が共有結合をなし、温暖化の因たる固有の赤外振動帯をもつ化合物にては決してあらず。これ、無理からぬところにて、以て説くに効無く、また実害もなからん（但し、これ温暖化の機構説明の基本なり、而《しか》して世挙《こぞ》りて喧々の大問題たるは、退きて思はば少しく奇なる体なり）。ただわれ時にうち思ふに、この分野に広く行はれて違和の感ある用語また標語いくつかあり。これら現在斯界の代表的のものにして、今更われ如き一匹夫の云ひなすは詮なき無論なれど、またなんとなし事情察するあるも、やはり気にはなるなり。

すなはち、「持続可能な発展・開発」、これ今世紀への変はりめ頃に議論多くありたるものにして、単純直截の「持続可能社会」とは異なり、概念矛盾（sustainとdevelopment）

と思はるも、長き歴史的経緯ありまた複雑困難の政治外交成果と云はるれば致し方なし。「水素社会」、二次（実質的には電力経由の三次）エネルギーに過ぎざるもの故《ことさ》らの標榜は、諸般、婉曲模糊となること避けるは難からん。「地球に優しき、地球を救ふ」あとに技術・製品名など付けり、地球四六億年激動の歴史に鑑みれば、地球を過小評価せし人間中心主義の露骨なる表現なるが如きの概あり。而して、近来主題の「脱炭素社会」、これやはり「脱炭酸ガス社会（炭酸ガス中立社会）」と呼ぶべきところならん。炭素元素を例へば同族元素たるケイ素に置換するにはもとよりあらずして、化石燃料（主要成分は炭素と水素）の利用脱する意なれど、わけても化学を生業となす者、炭素は重要なる素材、研究対象にして、二十一世紀は「炭素の世紀」と云はることもあり、ここに語感ふくめ諸々のことありてか元素名「炭素」使はるは、聊《いささ》か面妖冤罪の感なきにあらず。また、その利用は、大気中CO_2濃度に変化生ぜずとして炭素中立《カーボンニュートラル》なる響き良きを冠せられし有機物バイオマスは、高度の「炭素利用」により「脱炭酸ガス社会」めざすものと評すべきならん。

　日本の戦後作家、泰西作家の言引きて云へるあり、ライオンは未だ名なき日には、得体知れざる者なれど、人間のひとたびライオンなる名前与へたるのちは、詮ずるに、それライオンにして撃倒可能なる獲物に過ぎざる者となると。然り、名前与へるは重要なる作為にして軽々になすべからず。ライオン、実体あり次いでそれに名づけしもの、対して上にいふ用語、いづれも、まず名ありて未だその具体的の内容必ずしも定かならず、而して人々多くその名は聞くもまた求むるも、実《じつ》を知らず、知るを欲せざるの状にあらんや。

続けて云ふ、

　用語の話に及びたれば、ここに言を加ふ。一般の読書人、*耳目嫻《なら》はざるも、時に出会ひ、興ひく学術的なるものあり、エントロピー、その一つならん。これ、さまざまなる領域の本質的とされる議論にしばしば顔出だせるがため、世間には令名高きが如し。本分野に例とれば、化石燃料は、再生可能エネルギーよりエントロピー低くして在るが故に価値高し、或いはリサイクルに必要なるは、エネルギー一般ならずして低エントロピー物質なり、などと用ゐらる。これ、われ苦手とするところの用語にして、多くの技術屋諸氏もまた同じからん。エンタルピー（熱含量）と異なり、大学にて学ぶも、実社会に出てはつひに使ふなく終る技術者また多かるべし。すなはち、われらにとりてエントロピーは、J（ジュール）／K（ケルビン）の単位もつある物質の熱工学上の具体的数値にして、それ離れると途惑ひの如きものあること宜ならんや。

今、聞くならく、燃焼し拡散したる大気中四〇〇ppmのCO_2回収せんとの試みありと。燃焼排ガス中一〇%のCO_2の回収だに易からざれば、更に二五〇倍に希釈されたる大気の、その必要処理量考へれば難易度頗る高かるべし。而して思へらく、これすなはちエントロピーの問題ならんと。ただ、この場合傾向は示せるも、幾許《いくばく》の期待あるところの、その適否は直接定量的に判ずる能はずして、手法、エネルギー消費、装置価格など具体的なるプロセスにつき個別検討のなくんばあるべからず。床に零《こぼ》せしコップが水、これ自然には元へ戻らずと熱力学教へるも、実際に元へ戻すに如何ほどのエネルギー要するや、また抑々《そもそも》それ可能なるやは、なほ個別具体の状況に依るに同じ。苦手の所以《ゆえん》、かくなるところにもあるらし、と。

孫樹先生曰く、

これ同類ならんが、単位のこと、われ久しく気にはなれり。単位の正確なる理解、ことのほか易からず。逆に、その理解あれば、ある程度の知識有せる証左となすも可ならん。

電力関係にいはば、特に動力kWと、エネルギー(仕事)kWhの混同甚だ多し。エネルギー・環境問題、広範なる事業者また一般大衆に関心もたれてより、混乱少なからず生じたるが如く思はる。これ弁ずるに覚束《おぼつか》なきは、エネルギー問題考へるに少しく深刻と評さざるべからず。*亥豕《がいし》の誤り、ワードの漢字転換ミスの類ならず。更には時にkW／h（或いは一時間当たり□kW）などといふ単位、技術者善意の常ながら別解釈為すも、これ無益にして殆どは単純なるkWの誤記なり。近来、漸くに解消されし如くあると雖も、時に目にし耳に聞くことあり。これら誤れる人々、相通ずるあり、すなはちこれ全くの些末事と看做すことなり。

尤も、かくなること世間に多々あり、われらまた専門の外《よそ》にて如何なる恥晒《さら》しゐるや計るべからず。専門分野に、*愧赧《きたん》の至りなほあるは言を俟たず、と。

耳目嫺はざる　見慣れたり聞き慣れていない。　**亥豕の誤り**　字の形が似ていることから書き誤ること。亥はいのしし、豕はぶた。　**愧赧**　恥じて顔を赤らめること。

6　燃やす、燃焼の事

孫樹先生、現役教官なる時、学生に「燃焼」を講じ、その冒頭の略に曰く、
　太古に燧人氏《すいじん》といふ王いでて、はじめて燧《ひうち》を鑽《き》り、人に火を用ゐし調理法教へたり、ただ文字なき代なれば、いつ何処でのことなるや定かならずと中国史書にあり。これもとより神話伝説の類にして、現代の考古学、人類学によらば、火の使用の証拠遡るに、五〇万年余前の北京原人に至るといふ。すなはち人類、五〇万年以上前のいつとは云はん或日、火起したるを以てエネルギー利用の起源と目すべし。而《しか》してこの技術もとに、他の動物に優越して今日の繁栄築くに到れり。この時の燃料は枯葉、薪の類ならんが、今、人類燃やすは多く石炭、石油、天然ガスの化石燃料なり。一次エネルギー供給がうち化石燃料の割合、日本また世界でも一〇がうち七、八に及び、かつそれらの大半燃やされてあり。石油化学製品など「もの」として利用さる分も、最後には多くその運命にあり。電気をつくる、また自動車を動かす、隠されて常には見えざれど、化石燃料燃焼によりて、今のわれらの文明支へられてあること多言要せず。

然《しか》りと雖も、この大いなる価値生む燃焼なる行為はまた大いなる環境の毀損をも生めり。今は周知の、温暖化因に擬せらるCO_2、大気汚染、光化学スモッグ、酸性雨、ダイオキシン、これら皆燃焼の産物にて、負の面のみ窺へば、化石燃料の燃焼により、人類悪行はなはだしき地球環境の破壊者とはなりたり。これ、意図せずとも利用便なるエネルギー準備しくれたる化石燃料が責ではもとよりなし。

燃焼の本質は化学反応なれど、それ未だわれら充全に理解してはあらず。否、完《まった》き理解になほ遠きと認めずんばあらず。一七七八年、*ラボアジェが見解あり、「燃焼は空気中酸素と燃焼性物質との化合にして、熱と光の発生伴へる現象なり」。今にしては当然至極のこととなるも、これ長く激しき論争の結果にして、ルイ・パスツールの生物自然発生説否定と並び、近代科学の出発点と云はることあり。今、こと改めて問ふに、熱と物質、すなはちエネルギーとモノの区別分明ならざる人、なほ時にあるは故なしとせず。ラボアジェ、これより一〇余年の後、収税組合に係りて*縲紲《るいせつ》の辱め受け、「人民に化学の要あらず」とされて仏革命の断頭台へ赴けり。

燃焼は燃料種類、燃焼条件によりて、多様複雑の態をなす。化学反応、燃料・空気の流動、拡散とが複合したる高温の現象なれば、得心の解明なかなかに難なり。化学反応に限りても、例へば、最も単純なる水素と酸素の反応、これ水素分子と酸素分子の直接に衝突して水を生ずるにあらず。よしや今、人類すべての科学的知識を失ふあれど、「原子」の概念さえ与ふれば、元の状態への復帰易かるべしと云はる。ここに委曲尽くす能はざれども、勉学進まば、復元さるもこの程度までのことならんと合点到るべし。

多くのこと格別なる科学の力にて成し遂げし今に至るも、太古より受け継ぎきたる「燃焼」といふ技術すらなほ窮め切るを得ず。判明せることの学術的深遠膨大に比するに、現実的単純素朴なる現象を説く能はず、これ何処の世界にもあることなり。かくして、日常接する蠟燭《ろうそく》、ガスコンロの炎、いまだ神秘のままにして、人間の理論・数式を超えて自然はありとの感懐、また適当すべし。*マイケル・ファラデーに著明の言あり、「みづから光り輝く蠟燭は、いかなる宝石より美なり」と。

さて化石燃料、いつの日かエネルギー供給の主たる地位を去らん。加へて今、脱炭素の声日毎に高し。されば近き将来、何をもってか燃焼の主対象とせん。時代を遡りて薪炭、バイオマスの類ならんや、再生可能電力よりの電解水素またその誘導物ならんや。或いは、ラボアジェ云ふところの通常意味の燃焼にしてその人為の多く、つひには姿没し去るの運命《さだめ》ならんや。現今の燃焼およびその利用の技術、時代の鍛錬厳しきを経て今に至りしものなり。人類かつて水素、アンモニアなどの炭素不含有の燃料を、広汎大規模に使ひしことなし。さればかくなる壮大の試み、今後の三〇年、半世紀の近き世に成就《じょうじゅ》期せるや否や、如何なる事況の生ずるあらん、興味なしとせず。而してそれ到るまでは、化石燃料、能ふ限り高効率に利用なすべき肝要なること、言を俟たず。

　然り、化石燃料利用機器の更なる高効率化は、最も確かなる低炭素手法の一つにして、また別してわが国得意とし、世界への貢献能ふところの技術なり。これ元はといえば、直接にはワット、ディーゼルの熱機関改良・発明の時代より途切れるなく続く、動力コスト低減がためにして、同時に幸ひにも今日の化石燃料枯渇、併せてCO_2低減対策にも繫がりしものなり。因《ちな》みに書にあり、「ディーゼルは云ふ、このエンジンは高き熱効率、多様の液体燃料への適性故に、従前なる石炭・蒸気動力体系の*狭隘《きょうあい》よりの解放能ふものなり。更には、植物油利用技術の発達如何に依りては、石油資源尽きたるのあとのエネルギー源、すなはち太陽エネルギーに結び付けること、これまた夢にあらざるなり」[1]と。*ルドルフ・ディーゼルの一九〇〇年、パリ博覧会にて初めてエンジン公開するに、その燃料のピーナッツ油なりしこと、バイオ液体燃料の注目さるる一二〇年後の今日、良く知られしことなり。

孫樹先生補追して曰く、

昔日、さる人より聞けることあり。NOx（窒素酸化物）問題起これる前には、煙生ぜずしてキラキラ輝ける高温の火炎、これ良しとされし。ただ、温度高ければNOxの発生多し。因つてNOx対策広く行はれしよりは、良き火炎、NOx、発煙双方に配慮せし薄暗きものとはなれり。ただわれ燃焼技術者なるを以て、キラキラ綺麗の炎への憧憬、なほ郷愁の如くしてありと。これ、人類五〇万年の火の利用よりすれば、ごく近き日のことなれど、時代の鍛錬語る一齣《いっせき》ならんや、と。

燧を鑽る 木などをきり（鑽）もみして、火を起こすこと。　**縲絏** 罪人として捕えられること。

狭隘 狭苦しく窮屈なさま。

アントワーヌ・ラボアジェ（仏、一七四三－一七九四）質量不変の法則の確立、酸素の性質、燃焼・呼吸の本質の解明、水の組成の決定、化学物質命名法の提案など、化学の合理的体系の樹立に多大の寄与をなした。　**マイケル・ファラデー**（英、一七九一－一八六七）二二才で王立研究所の助手となって以来、生涯にわたって同研究所でさまざまな研究に従事し、ベンゼンの発見、ガラスや合金の組成・性質、ボルタ電池、溶液の電気分解、電磁誘導など、物理化学、物理学の分野で多彩な業績を残した。　**ルドルフ・ディーゼル**（独、一八五八－一九一三）圧縮して高温度となった空気に軽油や重油など安価な燃料を噴射・発火させることによって、従来の蒸気機関などと比較して高効率の内燃機関（ディーゼルエンジン）を発明、実用機を開発した。

7　人類とエネルギーの事

ある友の云ふ、

齢たけたるがためなるや、朝早く醒めて、まとまりなき思念枕上《ちんじょう》に少なからず。今、石油文明と云はることあり、それ*釁端《きんたん》とする戦争も幾度かありき、而《しか》してわれらにとりてエネルギーとは何たるやといふが如きものなり。

人類社会、エネルギー巧みに利用して発展成長遂げきたりき。エネルギー供給の太宗、薪、水車、風車より石炭、石油へと移り、今、天然ガス、原子力も用ゐらる。その変遷は、産業のみならず、社会構造の大いなる変容齎《もたら》して今日に到れり。かのエドウィン・ドレーク*考案したる掘削と同時に鉄管打込む手法にて、米国・ペンシルバニア州地下より勢ひ猛く石油噴出させたるは、一八五九年八月二七日がことなり。近代石油産業の歴史、ここに於て始まる。一六〇年後の今日、われらかの時には想像せざりし様々なる動力機械、また利便の機器を操り、以て石油文明とも称さるる時代築けり。

エネルギーを効率的に利用する能力、生き残るがための要諦たり。空気中に酸素分子の生成し始めたる地球太古の昔、それより前には害なりし酸素を有効に利用できるよう進化せし生物、これ生態系の支配者となり、従来の道進みたる化学合成細菌は今、往昔姿のまま、密やかに地球片隅に生息してあり。有機物より、生物活動に必要なるATP*効率的に生成するに、酸素使用有利なりしが故なり。かくの如く、エネルギーの高効率利用・省エネルギーの工夫は、大きく捉ふれば、独り今日の関連業界のみならず、遥かに超えて百載千載にわたる人類総体としての必須の課題とも云ふべし。

ヒトの歴史の大半、飢餓との闘ひにして、利用するエネルギー、もとより僅々の自然エネルギーに過ぎざりき。而して今、その生存に必須なるエネルギーの二〇倍量を消費し、その大半、石油石炭などの化石燃料なり。日本人に限らば、更に多く略《ほぼ》六〇倍量、それに相当する代謝量の動物は、よく引かるるが如く体重数トンの象なり。わが列島に巨象の闊歩一億頭、想ひみるべし。これよりは世界に自然エネルギーの利用多くなされんも、その合計量、なほ減ずるなく使ふこと欲すらん。今火すら満足に繰る動物の他になければ、ヒト、実に過剰のエネルギー利用を為すといふことによりて、最も特徴づけられる動物となるやも知れず。

問題は畢竟するに、人類が現在、生物にして必要なる基礎代謝及び活動に不可欠なる一人一日二〇〇〇キロカロリー余に数倍する量のエネルギー使用せし、その過大の剰余分たるエネルギーの意味するところ如何、かつは、それ担ふ化石燃料とはわれらにとりて如何なる存在なりや、といふことなるべし。エネルギーの使用は、それ自体目的にあらず。自動車航空機によりて望む場所へ移動し、電気用ゐて洗濯調理をなし、或いは化学製品など製するがための手段に過ぎず。また、過剰分エネルギーの使用によりて、ヒトの種としての基本的生態、例へば食餌、排泄、繁殖の行為形態更に革《あらた》まる無く、平均寿命は格段に延びしも、最大寿命ネアンデルタールの昔にさして変はらずといふ、すなはち生物学的の変化に寄与すること更になし。されば文明作り出すに不可欠のものならんか、エネルギー利用につきては清貧なる中華文明、インカ文明などの古き、近くは江戸時代の循環型社会に思ひ致せば、もとより否なり。個々人の幸福感との相関も、なほ云ふに難んずるところ、高度に工業化され豊かにはなりしが格差の別して大なる今と、不便で多くは貧しかりし昔、エネルギー使用量の多寡に大いなる差はあれど、幼きまた若きの屈託なくして満足の笑顔のいづれまさるや。

「石油文明」、「化石燃料文明」とも称さる今日、これほどに過剰なるエネルギー消費は、何がためなるや、而して次なる段階またその先、如何なるものエネルギー供給の太宗となりて、如何なる文明育むあらんか、或いは、幸ひにそれ持続安定の状に達して、文明に態々《わざわざ》その名冠するの要なきに至らんか、今、時間の妨げ少なき身とはなれど、古今世変にくらくして凡慮及ぶところならず、と。

孫樹先生曰く、

自ら亡きあとの、先々時代へ想ひ馳するは、個人の日常煩《わずら》ふより、心の養生に良きことなるべし。文明とは興亡常無きものなりとせば、今世界に企図されるところの脱炭素進み、早きに今日の石油・化石文明脱皮して更なる豊穣の文明に至るや、或いは今日の勢ひ失いて衰亡の文明に帰するや、われまた興なしとせず。
「*驕れる者は失し、倹なる者は存す、古《いにしえ》より今に至るまで是あり」、これまさに古より云ひ慣はされしことと雖も、エネルギー利用につきてみれば、今はさにあらずして、驕れる国またひと、更に別して栄ふべきの様《よう》ならん。ただ、これ恐らくは、今の化石燃料の時代に於てのみ、今よりさほど遠くもまた近くもなき先の世、期待するが如くには再生可能エネルギー或いは核力エネルギー、潤沢に使ふ能はざるの時代あるべし。而してそれ、この言が如く、倹なる者の栄ゆる真つ当の時代なるべし、と。

釁端　不和のはじまり、争いのもと。　**ATP**　アデノシン三リン酸、生体内のエネルギー供給源。　**「驕れる者は失し……」**　西源院本『太平記』巻十一より。
エドウィン・ドレーク（米、一八一九－一八八〇）　鉄道会社の車掌を休職中に、石油会社から依頼され、幾多の困難の末、多量の採油に成功した。その後、米国の石油産業の隆盛とは無縁の窮乏生活に陥ったが、有志の活動により、ペンシルバニア州議会の年金で救済された。

8 世代間倫理とエネルギーの事

孫樹先生曰く、

われ日頃、多くの学生諸子に接してあらば、彼らまた彼らの子供の行く末思ふ機会、図らずして多し。われらの時代、エネルギー、就中《なかんずく》化石燃料を、経済成長とともに右肩上がりにて利用せり。現今CO_2問題あり、化石燃料利用抑制の要請がなされ、また以前には化石燃料枯渇の怖れ云はれたり。いづれにもあれ、彼らの後半生、またその子供ら、少なくもわれらほどは化石燃料の自由の利用易からざるべし。すなはち、われらが世代、若きらまたその*裔《すえ》が利益奪ひ、安逸貪りきたりきと云ふべけんや。われかつて学部学生諸君へ環境倫理を講じたることあり。これ一五年余の以前にして、その大要次の如し。

環境倫理学の具体的課題として例示さるは、人類は有限なる地球資源・環境の中で如何に生くべきや、これ第一なり。現在の世代は、将来の世代の人々の資源・環境に如何なる責任を有すべきや、これ第二なり。人類のみならずして鳥獣、草木を含めし生物の生存権認むべきや、これ第三なり。すなはちそれぞれ発展途上国・先進国、現世代・将来世代、人類・生物が関係なり。ここにエネルギーに係る第二の問ひかけにつき考へてみん。数億年数千万年かけし地球活動の賜物たる化石燃料、高々われらが数百年世代にて使ひ切りて可なりやとの問ひ、世代間倫理問題の具体の一例といふべし。

すなはち化石燃料は特定の世代のものなりや、将来世代の得べかりし利益簒奪《さんだつ》に対するわれらが責任如何といふことなり。わが刑事法ならば現世代の化石燃料消費、占有離脱物横領罪といふところならんか。されど三〇〇年後化石燃料残さざりしとて、以て責に任ずる人なし。また民事も「私権の享有は出生によって」始まることなれば、未来世代の法益認められることなし。怒り咎《とが》めの指頭の先に、その人既になくんば如何せん。さらばこそこれ倫理問題となりて、顕著にあらはれしものなり。

二十二世紀中に石炭の過半消費尽くさるあれば、産業革命以来わづか四〇〇年余にて化石燃料使ひ果たすに至れり。人類の歴史よりすれば、まさに須臾《しゅゆ》*、文明開闢《かいびゃく》四〇〇〇年に比すも邯鄲《かんたん》*一炊、波瀾栄華の夢とせずんばあらず。それも採取・利用の易き自噴の石油、天然ガス、更には石炭でも質良き瀝青炭、無煙炭から使ひ尽し、後の世代に至れば取り扱い不便かつ公害成分多く含める重質油、褐炭などのほか使用する能はざることとなるべし。

*敷衍《ふえん》するに、化石燃料なる後の世代へ引継ぐべき地球の資本 恣《ほしいまま》に食ひつぶし、加へて地球温暖化、酸性雨での湖沼死など負の遺産にまた責あり。もとより伝える恵みも多かれど、事態充分に承知し、かつ地球資源は「祖先より貰ひしものにあらずして、将来の子供達より預かりしもの」なる殊勝の思ひは抱くも、結句石油鯨飲し、以て自らの欲望満たせし今の世代への、われらが子孫の評価如何といふことなり。

この問ひかけが前提にあるは、これより先エネルギー（正確には一次エネルギーと呼ぶべし）につきての大いなる技術進展なかなかに難儀なるべしといふ予測、一時代前なれば悲観的ともさるべき予測ならん。直截にいはば高速増殖炉、核融合、明るき将来約束してくれてあれば、かつは科学技術大革新に対する信念、なほ健《すく》やかなれば、化石燃料枯渇確かに深刻の問題と雖も、今日が如き際立ちたる倫理的問題の提供には至らざるべし。将来へ託するに、今なくして他日に期すもの以てなすも、また心苦しきあらん。当面に限らば、喫緊課題の温暖化対策としても併せ効ある太陽光・風力・バイオマス等の再生可能エネルギーの目処つき、それら化石燃料と相等しき価値ありとの認知あるまで、さほど遠くはなきわれらが後葉の生活、真摯に案じ煩《わずら》ふ人々の眠りは浅く辛きに相違なし。

孫樹先生補足するに曰く、

これ一五年余の前の話にして、頃年《けいねん》は、CO_2低減を主たる目的となして、太陽光発電、風力発電大いに盛んなり、また化石燃料の使用控ふべし、更に進みて止むべしとの輿論澎湃《ほうはい》たれば、結語に記せし人々の眠り、既に*晏如《あんじょ》たるや否や、或いは別の新たなる胸騒ぎの体あるや、更には脱炭素首尾よく奏功するあれば、化石燃料多量に放置され、遠き世代の利用可能とはならんが、これその時その裔にして幸ひなるや否や、今思ふこともまた多し。

因みに説く、ここの主人公たる化石燃料と、例へば今議論多き再生可能エネルギーよりの電力とは、性格もとより異なれり。もし先の世に、石油枯渇進みて貴重高価とならば、或いは再生可能エネルギーよりの電力の格別の廉価となれば、エネルギー利得は負となりても、例へば風力発電の電力用ゐる石油掘削・輸送となることもあらん。而《しか》して、この得られたる石油、再び同じき電力へ変ずるは意味なき無論にて、化学製品原料、或いは液体燃料として用ゐるに、なほその意義あり。けだしこれ先々にあり得べき一つの象徴的光景と思へど、掘削・輸送に利用するは、風力ならずして核力なるや、バイオマスなるや、また別のエネルギーなるや、推する能はず、いはんやその何時なるをや、と。

裔 子孫。あとつぎ。 **須臾** ほんの短い時間。 **邯鄲一炊の夢** 人生の栄華も黍を炊く短い時間のように儚いこと。中国唐時代の伝奇から。 **敷衍** 趣旨を更に広げて説明すること。 **晏如** 安らかで落ち着いているさま。

9 技術者の現在の事

ある人の云ふ、

分野問はず、近来の研究者、科学的・技術的事実の正否がためより、研究費がためより多く議論するの傾きありて、見栄《みえ》よき題目と発表材料、多少の言ひ過ぎあるも美辞高声の言ひ勝ち功名、世一般の誘致合戦と相似たる風景が如く見ゆること時にあり。また今、研究者の研究費獲《え》るに、重点もちて配分さるべき流行に敏感たらざるを得ず、また抗する能はず。本来よりすれば、エネルギー開発は、流行とは縁遠きなるものが筈なり。されど、流行の技術開発、相応の不易本質ありて地道なる本来の研究に落着くものあるも、早々に霧消するものまた少なからず。以て虚心思ふに、今もて囃されるもの、いろいろに刺激与ふるの功あれど、結句これ流行、時尚*にすぎざるやの懸念あり。

顧《かえり》みるに科学は、科学者（scientist）の名未《いま》だなき十六、十七世紀泰西にて、有力なるパトロン庇護下での、或いは有富貴族自身の趣味的なる実験を濫觴《らんしょう》*とせり。知を愛する彼らアマチュア清閑の所業は、大きく発展したりて、今や、実用的なる問題解決、加へてそれと直結せし企業・国の利潤追求の手段たる「技術」と分かち難く結びつき、「科学技術」と称されたり。而してこの科学技術、二十世紀初頭以降、怒涛の功ありて、その効用遍《あまね》く認知されるに及びしが、それ一方にては、科学者・技術者の加速度的増大と集団化、給与生活者への変貌の過程でもありき。

例へば、その名冠せし外燃機関「スターリングエンジン」*の発明者、牧師なりき。今を時めく「燃料電池」の祖グローブ卿*が本業、裁判官なりき。かくなる発明歴史続けば、ことのほか愉しきならんが、今日にては、もとより然《さ》あるべからず。すなはち、専門教育受けし職業人たる科学技術者、而して大掛りの予算・装置のもとなる開発とならずんばあらず。科学技術、崇高なる使命感もちて捉へられし牧歌的時代、既に遥かに遠し。今、産業社会最大の闘争手段となり、企業、国、以てこの競争に鎬《しのぎ》日夜削れり。

ただ退きてことの様《よう》案ずるに、これ殊更《ことさら》に嘆き悲しむべきにあらず。経済発展優先せし社会の要請、期待せしが如く成りき、国民また豊かなる生活得たりき、同時にこれ資源、環境問題を招来せる社会構造生みしが、その構造の中にて科学技術また科学技術者、如《じょ》上《じょう》の安定せる地位身分獲たりと云ふも可なり。畢竟《ひっきょう》するに、乗り越えらるべき状況と課題もちて進行せる、今のわれらが世界の仕組みの一つに過ぎずして、時代、当然の如く推移したるが結果といふのみ。もとより、更に五歩十歩を退きて観ずれば、別の想ひまたあらん。この西欧列強発の自然科学そして技術が、エネルギー多消費、高度の工業化社会を生みかつ育て、その独特とも普遍的とも弁ぜざる手法は、今も日々昂進され容赦なくして世界を覆ひ尽くさんとしてあり。数世紀、十数世紀の時間軸で捉ふ時、それ真に人類にとて幸ひなりしや、といふ類のことなり。

ともあれ、やはり冒頭に述べしこと、時に想ひて憂へ覚へるあり、試みに思ふべし、若き任期付研究者、先の活計《たつき》*の不安心に挟《さしはさ》みて、なほ人類の将来エネルギー技術のあるべき容《かたち》、計るに難なきやを、と。

孫樹先生曰く、

われ技術者渡世の具体の術、今は跡残さずして忘却したり。残ると雖も、時移りて久しければ、披瀝するに益なからん。されど貴見聞きて一言せん。今、エネルギー・環境分野の政治、世情と相渉ること、頗る濃くして密なり。されば、時宜流行によりて研究開発提案の*輸贏《しゅえい》を決すことあり得べきにして、或いは研究開発費潤沢に付きて勇む時もあらん、或いは科学技術も結句、権威権力によりて動くとの歎発する機もあらん、世の中都合よきばかりはなし。とはいへ、貴君と同様の困惑、幾たびか耳にしたることあり。もとより技術者、みな本旨本道に拠りたきとは思へど、今、何が本旨本道なるか見極め難き趣きもあり、将来顧みるに、大きなるエネルギー開発の流れよりすれば、寄り道といふべきもあらん。*衢道《くどう》を行く者は至らずとは云へど、その小径に意外の発見、また事業の種もあるべしと思へかし。けだし、われらすべて*夷斉《いせい》たる能はず、またその要もなし。肝要なるは技術者の矜持失はずして、日々勉めることとならん。

深刻の話、ここまでにおかん。われ先に「反応工学実験の作法」と題し、若きらがため実験研究に際しての意おくべき事柄まとめたり。数に験《げん》かつぎ、太子憲法の一七項目としたれど、ここにそれがうち一〇を並べ、本分野技術者が生態の一端窺ふ扶けとはなさん。

すなはち云ふ、理化学の原理・法則との乖異なき適時検すべし。先行の文献査するは不可欠にして、時に大いに益すること言を俟たず。実験研究方法の事前の考覈《こうかく》怠るは、のち小患大患に至ると心得べし。安全に充分の意用いるが実験のはじめ、整理整頓その基と知るべし。人事尽くさずして安全を期し、また新発見の僥倖待つ勿《なか》るべし。実験の現場に出向き立ち会ふこと、また現物を親しく目睹すること研究要諦の一なり。失敗実験また新しき発見の基となることあり、状況に応じ精査すべし。実験は独りのものならず、折にふれ同輩、分野異なる専門家の知恵徴すべし。真つ当なる実験データの前には地位役柄関せずみな平等なること銘記しおくべし。時に先達の労苦功績に思ひを致し、而して新しき求め努むべし。

時尚 その時代の好み。 **濫觴** 物事の始まり、起原。觴《さかずき》が濫《あふ》れることから。 **活計** 生活をたてること、暮らしを営むこと。 **輸贏** 勝つことと（贏）と負けること（輸）。 **衢道を行くものは至らず** 衢道は四方に通じる道のこと。いろいろなことに手を出すと成功しないたとえ。 **夷斉** 伯夷と叔斉。中国周の時代の聖人・隠者兄弟、殷を滅ぼした周の粟を食むことを潔しとせず、首陽山に隠棲し蕨を食べて餓死した。

ロバート・スターリング（英、一七九〇－一八七八）　スコットランド教会の牧師であったが、担当教区で蒸気機関の爆発事故での災害が多いことに心を痛め、それに替る動力源として、今日「スターリングエンジン」と呼ばれる外燃動力機関を発明。　ウィリアム・グローブ（英、一八一一－一八九六）　判事としての法廷の仕事を病気のため中断している間に、科学的研究に興味を持ち、一八三九年、二八才の時、酸素・水素系で燃料電池の実験を初めて行った。

10　メディアとエネルギーの事

ある人の云ふ、
一時期、テレビ報道に曰く、走行時にCO_2を出さずして環境に優しき電気自動車、と。「走行時に」と附すは、往昔の燃料電池車の折には、多くかかる限定なかりし故、大いなる進歩と認むべきか。世人、「走行時」の限定に気を向けるは多くなし。技術に疎き人、CO_2とは全く無縁なるがゆえ環境に優しと思はずや。もしつけ加へて、この電気自動車の元なるエネルギーは、今、化石燃料の火力、原子力、再生可能エネルギーのいづれかにして、このうち火力発電はCO_2排出すれど、他二つはCO_2を出ださず、となせば、視聴者、これらの課題含めて感得でき、啓蒙に資する多からん。また、再生可能のバイオマス由来燃料用ゐれば、電動自動車ならず内燃機エンジンにてもCO_2排出なしと評価さる。すなはち、そもそもの元（一次エネルギー）の何たるや、これCO_2問題の*肯綮《こうけい》の筈なるが、時間の制限、或いは別の意図あるや、云ひ及ぶは稀なりき。

序《つい》でにしてここに述べん。燃料電池報道華やかなりし頃、これできれば、エネルギー問題すべて解決とでも云ひたきもの少なからず。はては、燃料電池、究極のエネルギーとなせしさへありき。燃料電池はエネルギーにあらず。飢ゑたる児へ与ふるに食物ならずして、以て煮炊き道具とするが喩へ、相応ずべし。これら知りて報ぜるや、或いは別に忖度、忌避ありたるや知らず。

先日は、表題「水よりアンモニア」の記事、さる紙誌に見る。戦時中著明の「水よりガソリン」詐欺とは違ひ、内容の誤りもとより一語だになからん。ただ、案ぜしは裏切られず、最も肝要なるエネルギーにつきては、一般読者に理解し難き文脈、楽観的なるが態にて補足されたるに過ぎざりき。アンモニアに燃焼熱ありて、水にはなし。以前より尽きぬ「水より水素」のある種記事と同じ、恰《あた》か永久機関でき得べしの趣き、何となしには覚えし。

エネルギー・環境技術に関するメディアの役割大にして、また期待大きなること顕《あきら》かなり。一般衆庶の知識と認識、一国一産業の興隆*陵遅《りょうち》にかかることあればなり。ただ地味有用の営みは記事になし難く、世間また喜び迎へるところは、有望楽観の報ならん。「あとはコストの問題のみ」と結べる記事、多く一〇有余年後もなほコスト問題なり。かくなる報道の延長線に、エネルギーの大問題論ぜらる、思ひて暗鬱《あんうつ》*怏々《おうおう》たること無きにあらず。対するに当今、この分野のニュース、時にネットにのぼる。これに付さるる一般のコメント閲するに、中に他愛なきあれど、概すれば、主義主張強からずして素朴現実的なるもの多くして、時代の移りたるを知る、と。

孫樹先生曰く、

二〇年の昔、*狎昵《こうじつ》の友より聞けるあり。開発中の家庭用燃料電池説明がため、テレビ番組出演の依頼あり、その事前の打合せに、生成するは水のみとの先方担当者説明案に、困惑の友曰く、燃料電池で生成するは確かに水のみなれど、これ燃料は都市ガスがため、水素つくる改質器にてCO_2発生あり、されど全体として今より格段のCO_2減少期待能ふものなり。担当者の曰く、それ煩瑣《はんさ》にて、時間余裕もなければ、この番組視聴者に明快ならず、而《しか》して燃料電池のクリーンさ伝はらず、と。今世論の一端、かくなる報道累積が上にあるは疑ひなし。

けだし世にある情報、多く自発して考へるがための端緒にすぎず、この分野の今、別してしかり。「完璧なる部分」は殆ど意味なさずして、「疵多けれど真つ当の全体」こそ肝要なること、エネルギー・環境問題の顕著なる特質が一つと目すべし。自らは低炭素・クリーン誇るも、その分ほかに依拠する、これ意味なきなり。されど全体考察なすは、基本の知識要するがため容易ならず、ためにメディア好みて取り上げ、かつ世に流布するは、判り易き一部の完璧に傾くこと、紙面、時間に限りあればこれ致し方なし。ただ脱炭素社会の議論盛んなる今日、一般の関心また高ければ、これ、日追ひ月従ひて良き方向へ向かふべし。昔時、われもまた、胡乱《うろん》気味ある報道に、瞋恚《しんい》*抑へる能はざるもありき。されど齢累《かさ》ねて今、記事内容、先行き含め、諸事須《すべか》らく善意楽観に解し、以て心やすらふべく務めるに到れり、と。

肯綮 物事の急所、かなめ。 **陵遅** 物事が次第に衰えすたれること。 **怏々** 心が満ち足りないさま。晴ればれしないさま。 **狎昵** なれ親しむこと。 **瞋恚** 怒ること、いきどおること。

11　薪炭より石炭へ、産業革命の事

ある人の云ふ、

今、早きに化石燃料より再生可能エネルギーへとの気運、日逐《お》ひて高し。しからば、その逆の再生可能エネルギーより化石燃料への転換、すなはち英国産業革命期の成行きやいかん。状況今と異なるもとより格別なるも、その転換には、少なきはなき紆曲、短くはなき時間を要せり。こと古めかしけれど、われをして、ここに聊かの言もちて概観せしめよ。

人類、初めて火用ゐし五〇万年前より、エネルギー供給は永らく森林よりの薪炭に頼りしが、それ石炭に取りて替られ始めたるは、泰西十六世紀とす。今日の用語によらば、再

生可能のバイオマスより、再生不能の化石燃料への転換なりき。石炭また石油、紀元前より存在知られしも、その利用法、有用性思ひ至るに、相応の技術伴ふ要あり。風また太陽の光、太古より感得さるも、それ電気への変換なして、本格的の利用始めたるは、高々数十年前に過ぎざるに同じ。

薪炭より石炭への変更、好みて為されしにあらず。石炭は硫黄含み、燃やせば二酸化硫黄の臭気強く、また着火易からざれど、ひとたび着火すれば火力強くして調節に難あり。されば、当初は貧しき家庭の燃料など一部にて使用さるに過ぎざりき。森林少なく、濫伐による木材価格の高騰に追ひ詰められたる英国、ためにそれまで嫌悪されてありし石炭利用に最も早く到り、因つて他国に半世紀先んじての産業革命を生みたり。

これ「石炭革命」と称さることもあり。而《しか》して、石炭と並びて産業革命の展開に大きく寄与せしもの、すなはち鉄なり。鉄つくるに、鉄鉱石と別に還元剤を要す。その木炭より石炭乾留コークスへの変更には、十七世紀初頭の石炭・木炭の混用試験に始まり、十八世紀中葉までの一〇〇有余年を要せり。英国の製鉄業者、慣れたる木炭に依りたきありて、転換になほ和せざりしこと理由に挙げらる。一方に、当時の工業用燃料たる薪、製鉄用木炭双方の急激なる需要増大による森林崩壊の進行あり、結句、鉄の輸出禁止さるに及び、石炭コークスの利用拒むの余地なきに到れり。ダービー二世*、新たなる改良加へ、コークス還元剤の製鉄に成功せるは一七三五年、石炭利用量はその後二〇年ほどがうちに急速増大するを見、更には、蒸気機関など石炭、鉄の利用先拡大・進展して、産業革命へと導かれ行きたり。

すなはち産業革命は、それまでの森林、風力、水力、また畜力等自然力のみ利用の生活より、再生不能なる化石燃料依存の経済社会への一大転換、本質的変更でもありき。アシュトン『産業革命』(2)に曰く、英国救はれしは、その支配者によるにあらずして、新しき生産用具、新しき工業経営方法、これら発明に不足なき機知また資金有し、自らの当面の目的努めて追ひし人々によること、疑ひあるべからず、と。

述上のこと、主に英国の様なり。米国は森林豊富なりしこともありて、転換遅れ、石炭の薪炭を逆転したるは一九一〇年頃、わが国では一九〇一年（明治三四年）とさる。而して、産業革命よりすれば三〇〇年余の後なる今、石炭すら使へず、伝統的バイオマス、すなはち薪、木炭、畜糞に依拠せる人々世界になほ多く、二〇億人以上におよぶと云ふ。グローバル社会とは称されど、エネルギーに限らずして、新しき技術またシステムが恩恵、世界へ拡がるは容易ならざること、かくの如し。この二〇億の人々、石炭利用の機会なくして、忽然、太陽光発電、電気自動車、水素の世界に赴くや、然らずして、遅れて石炭使ひ、石油利用する時代へて、その世界へ入るや、それとも、彼らそのままにありて、われらの日頃目にするメディア通じ接する国々のみの低炭素、脱炭素社会となるや、われ学菲《うす》くして量るに至らず。

ある書に云ふ、「石炭革命起こりて、英国、木の時代より離脱し、鉄の時代へ入れり。レール、橋、梁、機械、船など、木製より鉄製へ替はり、かくして文明を支へ、建設資材また燃料として特権的の地位占めきたりし木は、鉄と石炭の台頭にその位置失ひて、価値少なき只の材木となりたり。然ると雖もこの革命を可能とせしもの、実にこの木なりしこと忘るべからず。石炭の採鉱可能とせしは木製の支柱なりき、石炭を製鉄工場まで輸送する軌条は木製なりき、而してその軌条の上走る荷車、運河を走る船もまた木製なりき」[3]と。

現在に引き直さば、将来、化石燃料退きて、再生可能エネルギー或いは核エネルギー主体の時代きたるも、それ可能とするは、ほかならぬ化石燃料といふことなるべし。かつて今の化石燃料に同じき特権的の地位にありし材木、今に至るも貴重のものとして遍《あまね》く受入れられ、利用されたり。かれを以てこれを思ふ、人類に多大の恩沢与へし化石燃料、今徒《ただ》ならざる貶斥《へんせき》受けし感もつは、豈《あに》われのみならんや、例するに今より太陽光発電、電気自動車に多く依るとして、その原料の採掘精製より製造廃棄に至るまで、石油用ゐるなくして能ふ時、いつ来たるや。化石燃料、苟《いやしく》も用捨安易に決し、弊履《へいり》宛《さなが》ら棄つべきものならず、また能はず、この先も心砕きて相応なる対処、宜しくなすべきものならんや、と。

孫樹先生曰く、

ここでの主役たる、バイオマスと石炭には相似たる性質あり。すなはち酸素の含有量に差はあれど、いづれも炭素、水素主要成分とする有機物の固体にして、相当分の窒素や硫黄、また灰を含む。そのまま燃料となり得、加工して建築材、化成品などモノの原料ともなり得。これ云ふまでもなく、石炭の元は森林にして、双者数千年、数億年を隔つ直系血族なればなり。

人類の主たるエネルギー源、バイオマス、石炭、石油と順次進みきたりき。将来はこれ遡りて進まん、すなはち、石油枯渇しくれば、その先は埋蔵量豊富なる石炭が、そして最後には、再生可能のバイオマス主体にならんとの論、以前にはあり。われその過渡的なる時期にては、炭素中立、再生可能のバイオマスと、CO_2多排出なれど、偏在なくして埋蔵量豊富の石炭、この双方如何にバランスよく使ひ熟《こな》すか、化成品原料としての利用含め、叡智傾くべきところならんとの思ひ、今もなきにあらず。ともあれことの様《よう》漸次に顕《あらわ》れはすれど、永き先に到る話なれば、決着みる時、われ彼此《ひし》いづれの岸にあるや知れず、と。

ダービー二世（英、一七一一－一七六三）産業革命期、三代にわたる製鉄技術者の二代目。一世のコークスを用いた製鉄法を引き継ぎ、蒸気機関を採用するなどの改良を加えて、その普及に大きく貢献した。

12 覧古考新の事*

孫樹先生曰く、

典型なる文明史家、技術史家の見解もとより益多ければ、時に書を読み覧古して以て今を知り、来たるべき世を測るべし。ここに引く三著、いづれも著名なる史家の述にして、斯界の変遷探るに便宜与へ、世に広く迎へられたるものなるが如し（いづれも邦訳あり、ここには文体変じて示す)。

一九六〇年代中期、英国にて公刊されしある書に云ふ、

「人類の今日に至れる進歩、これ大きく条件づけるは、制御し得るエネルギーが量なり。太古の日、制御できるは人間自身の筋肉のみにてありしかど、それより畜力、風力および水力、石炭、石油と漸次進めり。(中略)而《しか》して今や、核エネルギー利用可能となり、その第一の段階たる核分裂、第二の段階たる核融合技術考へれば、人類のエネルギー資源、今後は事実上無限ともいふべし。豊富なるエネルギー、これすなはち他の全ゆるものの豊富を意味す。もし不足なる何かあらば、エネルギー用ゐそれ製す、或いはその代用物つくること可能なればなり」[4]。

またこれより三年後、蘭国技術者、米国刊の書にて云ふ、

「利用可能なる化石燃料の量に限度あること、これ疑ひなし。されど、エネルギー資源問題の根本的なる解決策、既に見通しつきてあり。すなはち原子力の解放、これなり。ベクレル*一八九六年、ウラン塩の放射能発見によりてその道を拓き、第二次世界大戦の原子力爆弾なる恐るべき技術によりて実証され、而して今、世界に百超える平和利用原子炉として実現さるをみたり。(中略)核エネルギー本格化の時、石炭・石油の主たる用途、化学

製品、薬剤の原料となるべし。ある石油技術者常に云へり、石油を燃やす、何たる愚行なるやと、多少の知恵働かさば石油に多くの用途あり、既に新しき石油工業世に行はれてあり」(5)。

孫樹先生、評注して曰く、

二著のここに引くところ、一九六〇年代の楽観的なる一面を示せり。名高きローマクラブの「成長の限界」は待つこと一〇年に足らざる一九七二年なれば、けだしこの分野の幸福なる一季とも云ふべけんや。宛《あたか》も時、科学技術沖天《ちゅうてん》＊の勢ひなほ残りてあり。すなはち、核力平和利用に最大限の期待ありて、近き将来、電力は原子力にて賄はれ、貴重有限なる石油、石炭は工業用原料として末永く利用さる。而して核融合の本格的なる実用化成れば、人類、末代常《とこ》しなへにエネルギー問題より自由とはならん。豊富なるエネルギー、これ直ちに移して以て他の全ゆるものの豊富を意味す。然《しか》り、もとより現実的には制約の多々あれど、エネルギーさへあらば、電力云ふに及ばず、ガソリン、灯油類似の燃料、化学製品など製するも可なり。具体例を挙げんか、高温での直接分解、或いは電力を経由して水から水素作り、炭素源としてエネルギー無価値のCO_2など持ちきたりて、現今の石油など化石燃料よりの製品、或いは類似品を得るが如きなり。その効率また収率低きことあるも、核融合エネルギー実質上無限なれば支障あらず。較ぶるに、当今の太陽光、風力などの再生可能エネルギー、また実質上無限といふべきも、利用に適せるは限られ、何よりそれ希薄なる無限なれば、同一に論ずる能はず。

然るに今、原子力の軽水炉、高速増殖炉、また核融合炉、周知の状《さま》なり。この事態に責任無きに非ざるわれら世代の立場微妙となすべきも、末葉の世代ここにあらば、忽《こつ》として梯子はずされし感ありてしかるべし。果たしてこの二著より越えて三〇年ののち、別の史家、それら殆ど念頭になきが如くなり。

一九九〇年代英国にて梓《し》に附されし浩瀚《こうかん》の書あり、人類の貪婪《どんらん》*飽くなき森林乱伐、それ一因とするメソポタニア、インダス、ギリシャ、ローマ、マヤなどの文明崩壊、十五世紀以降の西欧列強による植民地支配・先住民文化の破壊、また野生動物の殺戮・生態系蹂躙、更には産業革命期より現代にいたる農地拡大とそのための森林伐採・自然破壊など、事例を重ね辞を連ねての記述、戒めを既往にとる、これこの人類の性にして能ふべきやの感なきにあらず。而して或る一節にそれら総括し、憂世の語を以て結びて云ふ、

「過去一万年間の人類歴史、エネルギー消費の在り方観ずるに、狩猟採集集団の些少なる消費より、現代米国の高水準に到るまで、著るしき変貌を認む。エネルギー獲得がため、

人力・畜力使ふ時代より、水力風力利用の単純なる機械の発明を経て、益々技術的に高度複雑なる方法を模索し、深き炭坑、深き油井、発電、原子力の現代に至れり。かくなる変遷と対するに、消費行動のみは聊かの変化あるなし。短期的なる視野にて、すべてのエネルギー源を無尽蔵なるが如く扱ひきたりき。今、先進工業国依然として、再生不能なる資源に大きく依存せり。それ何千年の長きにわたり、樹木を無尽蔵なる資源として扱ひきたりし惰性と楽観、今や化石燃料にも及びたると解せざるべからず。（中略、以下結語）少しく広き視点に立たば、エネルギー、資源大量消費し、深刻なる環境汚染抱へる現代の工業社会また人口急増の第三世界、これ生態学的に持続可能や否やは一目瞭然たるべし。過去の人類活動、現代社会に対し殆ど克服不能なる難題残して去りしなり」(6)。

すなはち現在の化石燃料、資源の濫費喩《たと》ふに、往昔薪炭バイオマスのことを以てす。前轍見ざれば、後車の危ふきあらん。また今、温暖化気候変動問題の急となり、物語思ひがけず早や*蔗境《しゃきょう》に入るの概あり。他は今おきて評さず、この人類にして、脱炭素がため石油の使用、自発的に抑へ、止めるを得るや、といふことなるべし。

覧古考新 古い物事を深く思い、新しいものを考えること。 **沖天** 天にとどくほど勢力を伸ばすこと。　**貪婪** ひどく欲が深いこと。　**蔗境** 話や文章などが面白くなってくるところ。
アンリ・ベクレル（仏、一八五二－一九〇八）放射線の発見者。一八九六年、ウランからのアルファ線放出の観測による。現在の放射能の強さを示す単位に、その名が採用されている。

13　アンモニア合成と温暖化問題の事

ある人の云ふ、
今、水素利用媒体の一つと想定さるアンモニアの名前、時にきくことあり。われ化学の徒なれば、ここに思ふところ述べん。
十九世紀末の一八九八年（わが明治三一年）、*クルックス卿、英国アカデミー協会会長就任の演説をなし、来るべき食料危機の克服、喫緊の課題なるを訴へたり。すなはち、「英国はじめすべての文明国家、人口増と食糧難にて、生死の危機に瀕してあり。されどこの暗黒の中にもなほ一条の光あり、それ、空気中窒素の固定にして、窒素より製せらるアンモニアは肥料のもととなり、硝酸は火薬の原料ともなる。これ、実に化学者の才能に待つべき偉大なる発明の一つならん」と。

この演説より一五年を越えずして、独人ハーバー、[*]ボッシュらによるアンモニア合成法の開発工業化せられ、当面の食料危機脱するを得たり。現在に至るも世界に飢餓問題はあれど、ハーバー・ボッシュ法アンモニア合成、人類に大きなる福音となりしこと、疑ひなし。彼らいかなる奮闘苦労をなせしや、またこれに関与をなし、科学界特別の賞の栄にも浴せし幾人かの科学者・技術者、時宛《あたか》も起り来たりしナチスの台頭また世界大戦に際して如何に生きしや、今もなほ多く語られてあり。けだし様々なる意味にて二十世紀科学技術象徴するに足るものならん。

クルックス卿の危機感表明、科学技術者鼓舞の演説より一二〇余年後の現在、相照らして想起さるるは、温暖化、気候変動問題ならん。されどことの様《よう》大きに異なれることあり。例へば、クルックス卿言及せしは、西欧先進国の危機にすぎずして、温暖化は世界の問題なり。また、危機の内容、すなはち当時の食糧危機と現在の温暖化に対する識者、更には世間一般の認識、異論の存在などの差異につきては、議論あるところならんが、技術につきては次の如くに説くこと可ならんや。

アンモニア合成の目的、端的にして、一つの反応式、すなはち、$N_2 + 3H_2 \rightarrow 2NH_3$なる化学反応の温度、圧力、触媒などの操作条件確定し、工業規模にて実現するにあり。クルックス卿、その主役を化学者と特定さへしたりき。加へて、これ枢要と解すべきは、時まさしく、科学技術の成長期なりしことなり。具体的には熱力学、物理化学、触媒化学などの基本理論、急速に整ひ、関連の研究促し、工業化扶《たす》けるに大いに与《あずか》りしところあり。

対するに、今回の温暖化、単一の技術にて対処できるものには到底あらず。個々の技術成るも、全体良しとなせるやの疑ひさえあり。単純ならねば、各技術間の利得・弊害の較量欠くべからず、また独り技術の問題にとどまらずして、時に優れて政治的なる判断をも要す。加ふるに、今、科学技術既に成熟期たり。科学技術者、多くは真面目にて、日を倍にし徹宵《てっしょう》幾度かにて成就《じょうじゅ》すと判ってゐるが如きこと、既に概ね解き明かされてあり。

これら案ずるにつけ、温暖化対策の技術、なかなかに難ならんと今更思ふところなり。

ある人の続けて云ふ、

近来、温暖化対策、脱炭素社会の水素利用システムに係り、先人苦労のプロセスの逆反応の利用につき報ぜらることあり、少しく感慨もてり。

一つは、アンモニアなり。アンモニア合成は、先の一〇〇有余年前のハーバー・ボッシュの方法、今も行なはれてあり。而《しか》してアンモニア、頃年は水素のエネルギー媒体の一つとして注目さる。すなはち、水電解で得られし水素と窒素よりアンモニアを合成し、それ液体の形にて輸送、利用地にて分解、水素取り出して利用するが、一つの案なり。ハーバー・ボッシュ法の、今、かかる形で検討さるるも興深けれど、利用地にてはハーバー、ボッシュ辛苦艱難《しんくかんなん》のアンモニアは、それより格段容易なる反応条件にて元の水素と窒素に戻さる。

今一つの例、メタンなり。天然ガス（主成分はメタン）を改質し、以て水素つくりCO_2を除去す、これまた、触媒、反応管材料含め、多年の苦心ここに到れるといふべき技術開発の成果にして、世界に多くのプラント稼働せる代表的化学プロセス、アンモニア合成前段階の装置にてもあり。これ逆に、水素より（CO_2加へ）メタンつくり、天然ガスと同様に利用せんとの試み、独逸でかなり以前よりなされしものの、輓近《ばんきん》脱炭素の有力手法としてまた大きくとり挙げられてあり。

尤も考へみるに、石油・石炭或いはバイオマスは、植物精妙の光合成反応もとなる太陽と地球の苦労丹精の賜物なれど、これを燃やしてわづか二つの単純なる分子、すなはちもとのCO_2とH_2Oへ戻す、けだしこれ同じ類《たぐい》ならん。

ただ、抑々《そもそも》の元へ戻るに、態々《わざわざ》電力使ひて水素つくる、これ昔よりアンモニア肥料など化成品製するは別にして、エネルギー利用がため大掛かりに用ゐられしことなし。而してこの水素、多くは熱エネルギーとして利用さる。大学にてわれら、電気エネルギーは原理的には一〇〇％力学的エネルギーへ変換できるに、熱エネルギーはさにあらず、すなはち、熱は電気より劣質のエネルギーにして、熱機関にカルノーの制限あり、燃料電池にもまた則ありと、教はり教ふ。もとより全体として成立てば、それで云ふなきも、また蓄電装置、開発途上なる充分承知するも、更には、事情や地域に依りては著効の手段となるあらん思ふも、聊か奇妙の感慨拭へず。嗚呼《ああ》われ、かくなることおもて業《わざ》にして久し、いつのまにやら*旧弊人とはなれり、と。

孫樹先生、*莞爾《かんじ》として曰く、

しかり、われら既に歴たる旧弊人、旧紀元人なるべし、それ自覚あるうち疾《と》く退くにしかじ。頃日、古き日誌見返すに、CO_2対策会議のこと記すあり。その日、寒波厳しくして、大雪に阻まれ航空機飛ばず、因つて主要の担当者来らずの報ありて、会議延期とはなれり。南国この地も朔風強き寒気凛冽の午下なりき。部屋に集ひし、四、五人、これ将来真に温暖化きたるや否や、笑みつ他愛なき交はして散ぜり。またそれに近きある日、大学恩師と談じる機ありて、燃焼排ガス中CO_2の回収・貯留のことに及べり。今かくなること迄思議する要ありや、謦咳に接して例少なき恩師吃驚《きっきょう》のご様子、昭然今に*牢記してあり。*烏兎怱々、経《ふ》ること既に三〇年余に及ぶ。旧弊人たるの感懐宜《むべ》ならんや、と。

旧弊人 古い習慣や考え方にとらわれている人。 **莞爾** ほほえむさま。 **牢記** かたく心にとめて記憶すること。 **烏兎怱々** 月日のたつのが早いこと。太陽には烏、月には兎が住んでいるという中国伝説から。
ウィリアム・クルックス（英、一八三二－一九一九） スペクトル分析によるタリウム発見、真空天秤を利用したその分子量決定、また多くの歴史的実験に使われた部分真空放電管（クルックス管）の発明と陰極線の研究などで知られる化学者、物理学者。 **フリッツ・ハーバー**（独、一八六八－一九三四） 窒素と水素からのアンモニアの合成で知られるほか、ガラス電極の考案、酸素水素爆鳴気反応の研究など、電気化学、反応化学の分野に功績を残した。
カール・ボッシュ（独、一八七四－一九四〇） ハーバーの基礎研究をもとに、アンモニア合成装置の工業化に取り組み、触媒、耐高圧材料などの課題を克服して成功し、硫安肥料として広く普及させた。その後、メタノール合成、石炭のガス化技術など、高圧化学プロセスの発展に大きく寄与した。

14　エネルギー問題と経済などの事

ある人、酒席の*微醺《びくん》にして云ふ、

今、低炭素といひ、脱炭素といふ、もとこれ、われらの大量生産、大量消費に基づく。以前より警告許多《あまた》あり、「節約、省エネルギーに舵切らざれば、いづれこの社会崩壊せん」と。近くは云ふ人減じたる感あるも、既にして常套の句とはなれり。これに異存ある人少なし。現今事況の認識、来るべき世への思慮あれば、然《しか》なりと自然に思はん。

一方には、少なくもここ一〇年、二〇年は経済の伸長なくんばあるべからずとなし、前説とは逆の方向へ爪先向けるべしの意見あり。もとより現実にはこれ大多数派にして、国力すなはちGDPの時世なれば、永々にといふ趣《おもむき》の論者また多し。エネルギー含め節約節倹は経済金融縮小を導き、その停滞のもたらす弊甚だしきなればなり。わが国現今の国際競争力低下、将来の人口減煩ふまでなく、これにも賛同せざる得ず。けだし今の世、経済のことなくして寸刻だに動かず。「名月や銭かねいはぬ世が恋し」、この上五つけれる昔まだしもとなすべけんや。屋上に太陽電池パネル設くるに、それつくるに要せしエネルギー、かつは排出CO_2回収する年月より、投資費用回収するに要する年月の慮《おもんぱか》り重き、これまた自然のことなり。

すなはち、いづれの説ともに、抗するに難く、説かるれば首肯せざる能はざるものならん。ある人は云ふ、経済低調の年、これ資源消費、CO_2排出の少なき年となるのみ、名論卓説要なしと。もとより、一偏に決せず、双方の妥協さぐる、すなはちエネルギーの節約、消費抑制なしつつ、経済成長図らんとの論も、また多々あり。されど、期待もちてその具体的内容、効果、実行可能性を窺ふに、容易には納得能はざるも多し。もともと、双方は容易に相容れざる方向性、いはば思想の所産でもあれば、ほどよき配慮の案、最初より困難含むべし。

かくして、現状にては、両説の間に煩悶すること、エネルギーについて考へるに必須のことと云ふべし。然り、方今のエネルギー・環境問題、複雑極まりなきものなり。三思を以てなほ足らず、その複雑に歯食ひしばり、身悶へして発せる艱苦の言、信用すべく誠実の証ならん。対するに地球を救ふ、未来を救ふ、これ切り札など大仰標語がもととなる単調の楽観、また全体慮りなき一部一方的偏倚《へんい》の論の類、悉く《ことごと》顧みずして可らんや。

酔ひ進み、ある人続けて云ふ、

われ思ひの至る処、エネルギー問題に対するは、やはり一時の艱苦避け難きあらんが、その使用抑制を外《よそ》にしてなし。今、CO_2対策と結びて、エネルギー原料の、ある何か廃して別の何かに替ふべき、といふ論ある時、そのある何かと、別の何かにつきての利害関係有する国、また業界必ず存し、それらためにすることとならんとの疑ひ起こりて、確執紛擾《ふんじょう》の端とはなる。ある何か廃すれば、別の何かに依るなく、その分は節制抑制せんとの覚悟示すが、一方策ならんと思へど、さること更になし。また世の当路の人々、決してそれ望まず、少なくも自らが世を成敗しその中心たるべきの間、経済成長抑へるは為さず、これ憂へて識者云ふ、経済より文化重んずべし、目指すべき発展の方向換へるべし、歴史に学ぶべし、と。然るを、その切なる言良しとはされるも、これ多く効なく、いはんや途上国、貧困の層含め、世界のあまねき認識となるは難し。

妄りの*云為《うんい》慎む、われこれ目して以て技術者特質の一つとすれど、今ここに排して更に一歩を進めるに、人類今また殊勝のこと口にしつつ、辞を文《かざ》り美徳善行の形《なり》して、その実なほ足らずとして、強欲ずくに、石油石炭に加へ、今後は自然の風を太陽光を、森林を海を思ふが如く使ひ続け、資源消費し、環境犠牲とするならん。その概念と手法の異なれば、脱炭素必ずしもエネルギー利用節減にあらざればなり。而《しか》して個人また世代として責に任ずるなし。後世悪口叩かるあるも、それ世紀いくつか閲《けみ》せば*堯舜盗跖《とうせき》の区別なきなり。

物換はり星移れども、エネルギーは人類また国家の命綱にして、少なくもことこの分野にして、性善暢気《のんき》に看ること、これ不可ならずや。而して、今一番の懸念、低炭素・脱炭素の勢ひを恃《たの》み方便となし、実は相和して目先の功利守らんがため、エネルギー資源多大に使ひ、環境損なふこととなるべし。これ元よりあるべきに非ざることと雖も、俄かに杞憂と断ずるに躊躇《ためら》ふものあり。この域、永らく動かし主導し来たるは、熱力学、物理化学の原理原則なりしが、今、何やら違ふものに替はりたるの感あればなり。

更に続けて云ふ、

現今のエネルギー・環境の問題、政治的社会的の要素格別に大きくして、覇権・利権、ビジネスの彩《いろ》あひ濃くなりたり。概ね善良篤実《とくじつ》を以てことに処するわれら技術者の得意とせざるところなれば、困惑なほ僅少ならず。例へば世の指南の立場なる人、時に科学の名藉《か》り、また目標与ふれば技術が解決するが如く思へる節あり。もとより立場の上のやむなきに依るもあれど、また権威者、権威加ふるに従い、技術見通しに楽観の言なす傾きあるを見るあり。更にはこの分野、研究、開発とも大規模なること多くして、国の施策・支援重要なる要素たり。為政の人々、その技術の要諦真に解せるや、適切なる専門家の見、反映せしものなるや、疑問に思ふなきにあらず。ある人云ふ、それ、表には時に不得要領に見ゆるも、実は周到なる慮《おもんばか》りの策ならんと。若き日には然りと解せるも、われ今これ判ずる能はず。而して世変にうとき一般衆庶、深くは思はず、つひには楽観鷹揚の行ひをなす。けだし今の世の人すべて、目先刹那《せつな》の為す易きを為すのみにして、真の難題は次なる世代へ先送りせんとの黙契あるが如し。

酔ひ扶《たす》けの矛盾もあらん、或いは浮薄、或いは矯激の言、諸兄の酒の興醒まし、耳穢《けが》したるを懼《おそ》る。なほ今一つ重ぬるに、温暖化問題、脱炭素社会、今メディアなどにても喧伝され、表に出ること*頻数《ひんさく》たり。ただ、そこなる言説、ただに内容のみならず、口吻、文調に至るまで、われ宛《さなが》ら別《べつ》*壺天《こてん》に在るが如き索然の感、日々に長じて強くなり行く。甚だしきは、慮り少なくしてこれ弄ぶ、時に彼に思ふあり、省みて*遮莫《さもあらばあれ》の想ひわれに見るあり。齢の然らしむるところなるや、また別の因あるや、判然たらず。自ら度《はか》るに、これすなはち既に吾事にあらず、はや別に心移すべしとの諭《さと》しならんか、と。

孫樹先生、容《かたち》やや改めて曰く、

率直なる困惑の言かな。われら儕輩《せいはい》なれば、思ふこと相似たりと雖も、中に肯《うべな》ふべきあり、疑ふべきあり、また嘆ずべきあり。ただ、案じ煩ふに過ぎること、今、甲斐なし。高きより俯瞰すれば、往くべきへ往き、収まるべきに収まる、而してそこ、理より出づるところのものより遠くはあらざらん。されど、その間なる岨《そば》道、眼前の光景見慣れずして、解するに易からずといふ、世に多き進み方の例と了簡すべし。今、エネルギー・環境の大転換の時代にして、優れて政治的なる課題別して多し。社会の表にたちて、範垂れ人を導くべき枢要の人々、自ら任ずるに*中流の砥柱《しちゅう》以てするは今いくたりありやは知らねど、なほ古人の言葉の末借らば、彼ら「昼なせしこと、すなはち夜は天に曰《もう》す」の節義と気概あらんを願ふのみ、と。

微醺　ほんのりと酒に酔うこと。ほろよい加減。**云為**　言葉と行為。**堯舜盗跖**　堯、舜は中国古代の伝説上の天子、盗跖は伝説の大泥棒。**頻数**　たび重なること。**壺天**　一つの小天地。別天地。元の故事は楽しい別世界。**遮莫**　どうにでもなれ、それはそれで仕方がない、という意。**中流の砥柱**　乱世にあって、毅然として節義を守っていることのたとえ。

15　脱炭素社会考、講話の事

ひと日孫樹先生、ある知己に招ぜられ、工学系の学生、教員に「脱炭素社会考」と題し、久方ぶりの講話をなす、その冒頭に曰く、

世あげて今、温暖化、気候変動の難避けるを急とせり。その主因CO_2とせば、これすなはは

ち、直截《ちょくせつ》にエネルギー利用の問題にして、加ふるにことの性格上、先進国、途上国また大都市、＊辺陬《へんすう》の区別なき全世界が課題なり。実験室での科学的、技術的革新あるも、同時にそれ、要請の時間制限のうちにて、実用的のシステムとなし、すみやかに世界へ拡げるを要す。いかなる計、手立てを以てかこれに処せん。今、近き日の話には多く政治や経済の、技術外《よそ》なる彩り濃く加はることあれば、ここに相応しからず。されば三〇年先の目標とさる脱炭素社会、これまたさして遠くはなき日なれど、如何なるものになるや、聊か僭越の咎《とが》あらんが、今はそれ顧みずして説かん。

エネルギー分野の技術、意表つくが如きの妙案出《い》だすは少しく艱なり。厳たる熱力学また物理化学の制限、思ふべし。電子情報、医療など、生活を便利安全に、快適にせんがための技術は、輓近《ばんきん》の進展目覚ましく、また今後も大いなる技術革新の絶ゆるなく続かんが、エネルギーにつきては、趣きやや異なれり。表には、時に華々しく現はるあれど、地道の研究開発必要なるテーマ過半なり。試みに、三〇年前に挙げられし温暖化対策案の項目一覧すれば、幾何《いくばく》の変異加はるも、現今と大差なきこと了解さるべし。然《しか》りと雖も、頼るはやはり効験あらたかの科学技術といはる。

すなはち今、できるだけ早き時期に低炭素社会、更に進みて脱炭素社会へと謳《うた》はれ、その達成がため科学者、技術者に多くの役割期待されてあり。これ短かき間に世界に遍く成さんとは、けだし*曠古《こうこ》の大事業と云ふべけんや。具体の施策、ただに産業界のみならずして、一国の隆替にも直ちに関はればなり。この目標の格別なれば、こと易く進むとは思へず。途次、進退歩みに惑ふが如き、またあるべし。

CO_2排出、今の一〇がうち二、三、或いは六、七の削減にあらずして、実質的に零《ゼロ》とせん、はじめは出来得べくも、山場越え掉尾《ちょうび》迫れば、その困難弥《いや》増すこととはならん。今も巷間喧《かまびす》しき既存電力設備の再生可能エネルギーへの変換、これ現実には易からずと雖も、*嵯峨《さが》たる脱炭素社会への道のり案ずれば、半途にもなほ及ばずして、低炭素ともかく脱炭素の議論と解すは躊躇《ためら》はるところ、すなはち、真の脱炭素社会への転換はむしろこれ低炭素社会の延長ならずして、われらが文明に係る本質的の変貌意味するものとみなすべし。

具体的に云はば、石炭控ふべきも天然ガスは可なり、自動車のガソリン・軽油は電力代替するも、鉄鋼冶金また衣料、合成樹脂などの製品やむなしといふにあらずして、退くに五十歩百歩を論ぜずと解せば、おのづから宏遠の謀《はかりごと》要すらん。而してこの世のことすべて不可逆なれば、最初に慮《おもんぱか》りの深き、結構の具体なくして進むは、これすなはち危ふきにして、一旦の機宜の策、果たして本意の成就に繋がるや、案ずべきは多し。されどまた、慭《なまじ》ひならざれば、実行難易の評価ひとまず脇に置くも、対処計策の思考実験には適せり。何事も極まりたる場合の考察、必須にして益また少なしとせず。

*彫虫篆刻《ちょうちゅうてんこく》の細部より、むしろ*蕪雑《ぶざつ》の大枠肝要なること、これエネルギー問題の特質でもあれば、今聊かの粗略は*宥恕《ゆうじょ》されたし。

孫樹先生続けるに以て曰く、

ここに簡略がため、森林CO_2につきては定常状態とせん。様々の変異、折衷的の方法もとよりあるべしも、極端のケース想定するに、次の二方法ならん。すなはち、すべての化石燃料使用を廃す（第一案）、化石燃料今に変はらず利用するも、すべての排出CO_2を回収せしのち大気より隔離す（第二案）の二法なり。第一案本道となして、やむことを得ずして第二案補充する形、現実的なるべし。

第一案、化石燃料の全き使用廃止となす。石油石炭などの化石燃料、尽くるなくして地中に虚しく捨て置かれることとはなる。もし方今のCO_2問題なきとしても、化石燃料漸《ようや》くに減耗払底なりたる将来のある時、その経済価格、他と競ふ能はざる状況とならば、化石燃料の利用おのづから止まり、CO_2排出また止まるべし。この案、その時期半世紀乃至《ないし》一世紀をも越えて、強制前倒しせんとのものなり。

現在の電力は、今議論されているが如く、化石燃料に替へて太陽光、風力、水力、バイオマス、原子力などを元とはせん。自動車などの輸送用には、これらからの電力（蓄電池型）或いは電解水素（燃料電池、または内燃機型）、またはバイオマス由来の燃料用ゐることとならんか。ただ今、化石燃料がうち電力へ振向けられるは、日本でも熱量比率にして一〇がうち略《およそ》四、自動車へは二にして、CO_2排出零《ゼロ》といふ場合、残りの鉄鋼冶金、産業用・家庭用の熱、更には化学工業などへの対処、これ課題としては、大にしてかつ難なるべし。これらには例へば電力、バイオマスの利用、または電力起源の水素そのまま、或いは別途に炭素源補ひ（第二案にて回収したるCO_2の再利用等）使ひ慣れたる炭化水素として用ゐる方法など想定さる。すなはち、再生可能エネルギー或いは原子力よりの電力の広汎なる利用、この案の中核なり。而して、バイオマス使はず、また水素等の輸入なくして、これらの用途すべて賄ふに、電力のみに依れば、効率、エネルギーの質・形態、昼夜夏冬の運用法など、諸般考慮の要あれど、今わが邦《くに》の電力は最終消費にて全体の四分が一に過ぎざれば、炭素フリー電力の膨大量の追加要すべし。本格電力利用の時代、明治以降わずかに百数十年がことなり。電力への過ぎたる依存に思はざる危険なきや、なほ検さるべきならん。加ふるに、今、衣食住ふくめ、日常生活に化石燃料、わけても石油の役割重きこと改めて顧みれば、低炭素ともかく、脱炭素めざすに、化石燃料脱したる化学工業の相応の実用的体系もつこと、これ廉価大量の再生可能エネルギー或いは原子力での電力供給とともに、本案枢要の課題と目すべし。

第二案、これ仮想の極論なるが、化石燃料利用の現状継続せしまま、排出のCO_2すべて回収するものとなす。エネルギーの全体使用量、また再生可能エネルギー、原子力よりの供給量、概ね現状と変はらず、化石燃料の使用量またしかり、といふ場合なり。発電所、工場のみにあらずして、全ゆる排出源よりのCO_2回収となりせば、それ困難の場合、例へば自動車、家庭用ガス燃料など、再生可能エネルギー或いは原子力を元とする別手段の採らるべし。

燃焼排ガス中或いは工程途中のCO_2の回収と貯蔵・利用、これ既に半世紀近く前よりの考査に係り、当時は温暖化影響目睫《もくしょう》*の間なる場合の緊急避難、或いは保険的手段と見做されゐたると覚えたり。ただ、回収、液化、運搬、貯蔵それぞれに相応のエネルギーと設備の不可欠なること当然にして、その所要エネルギー分は、更なる発電等により補ふ要あり、加へて膨大量のCO_2貯蔵場所の確保、環境への影響評価、主要なる課題なるべし。また、他の多くのエネルギー関連の方策は、化石燃料枯渇対策への貢献併せあるに、この方法自体にはその効あらずしてむしろ逆なり。されば、第一案でなほ対処難なる分へ及ぼす、といふより実施せずして済まば、それに優るなき手段となすべきなり。とは云へ、低炭素ともかく、脱炭素目指すとすれば、CO_2の回収と地中・海中への貯留、或いは、更なるエネルギー損失ありても再生可能エネルギーまたは原子力由来の電解水素用ゐてのメタノール、メタン等有機物への転換、これなくして成るは難からん。

　加へて云ふ、脱炭素とはいへ、今、石油起源原料の医薬品は須《すべか》らく漢方薬草、天然物由来にといふ世界とは、誰も思はざるべし。ただ、森林吸収などの勘案含みて、許さるべき用途範囲、これいかなる迄及ぶか不明なるは、いつか進みて*喧囂《けんごう》議論の種とはならん。また困難良く克服してCO_2排出八割九割減となりたるのちの、更なるCO_2低減と温暖化抑止効果の投資対効果比、加へて他の温室効果ガスN_2O（亜酸化窒素）やメタン低減との関係は如何《いかが》なるや。これら按《あん》ずるほどに、低炭素ともかく脱炭素、これ手に唾《つばき》して掛け声出だせばこと進む類のものならず、空元気の口笛また用をなさずの感なきにあらず。

孫樹先生、更に続けるに以て曰く、

やはり最大の課題、一次エネルギーの確保、供給ならん。今、化石燃料その大半にして、かつそれも殆どを海外に頼るわが邦に於いて、特にしかり。

世界今、化石燃料退け、これに替るに再生可能エネルギーを以てせんとす。この化石燃料、輓近二〇〇年にわたりて、エネルギー供給の太宗なりき。されどこれ生憎にして、技術革新を以て人類の考案発明せしものにあらず。遥かの往昔、偶然に在るを見出し、今大規模に掘削して利用しゐるに過ぎず。地表での光合成の複雑精妙の反応、続くに地中での圧力・温度の調整、実に多大の労力と時間を費せし地球よりの贈り物と云ふべし。而して半世紀前の感覚にして云はば、かかる有機体は貴重にして、でき得べくんば電力は原子力、水力、太陽熱（当時は光直接ならずして、熱としての利用主たり）など元に賄ひ、石油、石炭は工業用原料として、後裔世代がため残し置くべきとの所論少なからず。けだし当時ありし、将来の核エネルギー利用への多大なる期待、その背景なるべし。

半世紀へて方今のことの様《よう》、ひと皆知るところなり。現在は石油に支へられし文明といふべく、化石燃料、わけても石油の最大利用量となる時点、すなはちその頂点にして、のちの軟着陸の行程は厄介にして難多き課題との評もありき。人為的CO_2排出零《ゼロ》とせんがため、この化石燃料使用の完全なる廃止仮定すれば、残るは原子力、再生可能エネルギー以外にはなし。これら低廉にして豊富に得られ、また時の余裕あらば、技術の貢献なほありて、先の第一案、第二案も別して窮屈ならず組むも可なるべし。すなはち例求むれば、水素とその誘導体、また電動自動車（蓄電池、燃料電池駆動）など如何様の形にて使ふとも、CO_2排出といふ一点に尽きては心労すに及ばず。

原子力につきては、議論許多《あまた》ある処なるも、やはり多く再生可能エネルギーに頼ることとはならんか。一次エネルギーの分野で、何か別種類の革新的技術新しく起こること、例へば、かつての常温核融合なるが如きものの忽焉《こつえん》として出できて、工業化され世界に広がること、これ望み薄きを覬覦《きゆ》*するものなるべし。語変ずれば、様々の研究なほ要すべくもとよりなるも、未だなきもの恣《ほしいまま》に未来へ憑《たの》むは、これ今人の身勝手とせざるを得ず。すなはち技術の大要は今あるものにて処すべきにして、もはや他に神機妙算*なしと覚悟すべき時ならん。

その期待大なる再生可能エネルギー利用がための課題、化石燃料が如くに濃縮されては存在せざるに多く起因せり。もし石油や石炭が如く、太陽光或いは風力の地表ところどころに一〇〇倍、一〇〇〇倍安定して濃縮さる在れば、今の工業技術の延長に依りて、低廉の電力へ替えるなど容易ならんが、これ太古自然の定めなれば致し方なし。

再生可能エネルギーの賦存量、利用可能量につきては、統計自体の不確実性あり、作成者の楽観、悲観双方またあり、論者により大きく異なること避け得ず。再生可能エネルギーに限らず、エネルギーの供給・需要の予測多けれど、その結果あらわるに、一〇年、二〇年或いは更に長きの期間要するあり、先行きの観望ことのほか難なり。

一九九〇年代、特に欧州のバイオマスへの期待高くして、国際機関報告にもあるが如く、将来、世界エネルギー需要の半分は、バイオマスより供給可能ならんとの論もありき。エネルギー作物の供給、利用技術の進展期待せしものなりしが、今それは稍《やや》退きて、世人多く望み寄せるに以て風力、太陽光発電となすが如し。すなはち今、時を得てそれらが発電単価、世界的に低下せり。好ましきことなれど、これ技術革新の成果といふより、生産技術、量産技術の向上と学習効果、また諸々の施策に依るところ大なり。而して予想されしことながら、その弊竇《へいとう》*、一部顕《あらわ》れて議論さるるに至れり。すなはちわが邦では、太陽光・風力発電設備の用地確保がための森林伐採、台風による損壊、騒音などなり。将来には、多量の人工物設置にかかる環境毀損、或いは使用材料廃棄に伴ふ弊害などへの配慮、なほなくんばあるべからず。尤も、何ごともかかる曲行屈折の克服ありて、世の中へ拡がり行くものなるべし。ここに補して思ふことあり、低炭素ならず、脱炭素目指すならば、再生可能エネルギーがうち唯一の有機資源たるバイオマスの意義、今後再び大とはならん。
　期待大きくして、懸案なほ少なくはなき再生可能エネルギーなれど、半世紀を越えて云はれ続けし、その利用拡大の必須なること、今も大方の異存なきところなるべし。而して今、エネルギー原料殆どを海外に頼れる資源小国にして消費大国のわが邦、国土狭小なれば再生可能エネルギーのみにては難かるべく、原子力また議論多きと云はんの状なり。邦《ほう》家《か》戦後の目覚ましき復興成長は、豊富廉価の化石燃料に依る所大きなること論を俟たず。その調達の体制は、もとより関係者長年の努めしところに負ふものなるも、脱炭素進めば世界のエネルギー地政図、大きに変ぜざる能はず。今、石油、石炭、天然ガス更にはバイオマスすら輸入するが如く、先には電力由来の水素など、海外に憑《たの》むこととなるや、またそれ盛んとなる時、今衰退の産業競争がための*力根《ちからね》のよく復してありや、而して*国帑《こくど》の費え、その減じ増ゆること幾許《いくばく》ならんや、案ずべきは少なしとせず。
孫樹先生、講を括るに以て曰く、
　エネルギー利用の低炭素より脱炭素への大きなる時代の流れは、今後とも止《とど》まることなからん。これ否定せず、といふより、化石燃料に寿命あるを思へば、これ格別のことならずして、*曩日《のうじつ》想ひし行く末遥々《はるばる》の心算、今日はたちまち厳しき現実課題へと変ぜるもの、すなはち制限時間の急となりたるも、われら数十年前より予測し備へたりしところのものとなすも可なり。ただ、ことのほか急なること否めざれば、それ今より実際に如何なる時間的経過にて、如何なる技術を基軸に進みゆくか、俄かの予測は難し。上に述べ来たりしは、もとより脱炭素社会にあり得る形の単純至極、粗放の概念に過ぎず。午下几案*の一計を出でずの感もあらんが、これ望ましき世なるや、或いは致し方なき世なるや、将《はた》また別異の良き籌略《ちゅうりゃく》あるや等々、諸兄姉自《みずか》ら宜しく察すべし。

現在の化石燃料、核燃料資源の、またその利用設備の濃縮、集積、安定に対し、量は膨大ながら、自然エネルギーの希薄、分散、変動の本質的なる課題、これら良く克服して以て温暖化、資源枯渇の課題に処し、なほ先の世に繋げる、この重要なることもとより見を異にするものにあらず。ただ、その前にエネルギー利用を控へるの発想、加へてあるべきかと思はる。何ごともほどほどに、分を弁《わきま》ふ、これ持続可能とせんがための基本ならんや。益軒養生訓に云へるあり、「長命をたもちて久しく安楽ならん事を願はば、慾をほしゐままにすべからず。欲をこらゆるは長命の基也。慾をほしゐままにするは短命の基也。恣《ほしいまま》なると忍ぶとは、是寿《いのちながき》と夭《いのちみじかき》とのわかるる所也」(7)、人の養生、社会の養生もとは変はらず。古賢も云ふ、「禍ひは、足るを知らざるより大は莫《な》し」、「足るを知る者は富む」と。生命四〇億年前の誕生より*曠劫《こうごう》の年月世代かけ進化しきたりしが、すなはち現在の生物にして、その最先端に在るは独りヒトのみにあらず、また太陽光や風、ヒトがためにのみ存するにあらず。

　科学日に進めば、技術月に長ず、科学と技術の進歩、止まらず、また止める能はず、これ科学、技術の本質的性格なれど、その速度と内容にはおのづからなる制約あり。主要部分が簡明なる化学式で示すことでき、エネルギー的にも適切のプロセスと雖も、実際に世に出るには筆舌尽くし難き努力、時に幸運さへ必要なること、経験深き技術者多く身をもちて知りしところなり。而して現今の技術者、要請の無理筋なるも、なほそれ叶はじとは思ふも口には出《い》ださず、また出す能はざるの構造になりたる部分もあり。社会的立場、本人の知識・経験、或いは気質よりの楽観・悲観双方あるべしとは思へど、科学技術、万能ならずして、人間の限りなき欲望、幻想を満たすこと、いはんやそれ限られたる時間、経済的制約のうちに成すは難きこと斜《なの》めならず、これ世人また当の技術者、心に留めおくべきならん。

　今、エネルギーの大変革期なること疑ひなし。思へば、一二〇余年前の十九世紀末、時の世界人口約一六億人が今六〇億人と四倍に、使用エネルギーは石油換算約二億トンが今略一〇〇億トンと実に五〇倍となりたり。また当時の主体石炭なりしが、現在は石油、石炭、天然ガス、原子力、再生可能エネルギーと多様に変じき。高度の文明社会とはなるも、国際情勢、諸国間対立厳しきものあり。諸々の課題、生易しき料簡にては成らず、解決単純ならざること当然にして、ことさらの強調は無用なるべし。また、複雑ならばこそ、この状況切り拓くこと、励むに大いなる甲斐与へん。ともあれ具体的の対応技術供するは、われら技術者なり。企てずしては何ごともならず、若き諸君、日々業務に忽忙たらんが、今かくなる時代なりせば、平凡なるもまずは宜しく自ら考へ、全体俯瞰して良質課題の策定を為し、以てすくやかに日々精進なさんこと、わが庶幾《しょき》するところとなす。

講話の日より、秋月の*盈虧《えいき》一巡にして、この*眇《びょう》たる小冊子なる。時に面白をかしく格なほ失せず、孫樹先生文つくり描きながら、これ常は苦心置くところなるが、改めて辿り返すに、ことの性格また力量のしからしめるに依らん、その余裕趣《おもむき》なきの憾みなしとせず。而して先生、このこと、われに於て既に尽くせりとして、これより自ら談ぜず、また受けず。或る個別具体の技術開発に専《もっぱ》らなる日常とはなれり。四時《しいじ》の花賞し泉石訪ねて余生を偸《ぬす》むには稍《やや》早かりしがためなり。

辺陬 国の中心から遠く離れていること。かたいなか。 **曠古** 今までに例のないこと。未曽有。 **嵯峨** 山などの高く険しいさま。 **彫虫篆刻** 細かな技巧に執着することのたとえ。 **蕪雑** 雑然としていること。またそのさま。 **宥恕** とがめないこと。 **目睫** 目とまつげのように極めて近いところ。目前。 **喧囂** がやがやとやかましいこと。 **覬覦** 過分なことを望み願うこと。 **神機妙算** 常人にははかり知ることのできない、すばらしい計略。 **弊竇** 弊害、欠陥。 **力根** 力量、実力。 **国帑** 国家の財産。帑はかねぐら。 **曩日** 先の日、昔。 **几案** 机のこと。 **曠劫** きわめて長い年月。 **盈虧** 月が満ち（盈）欠け（虧）すること。 **眇** ちいさい、かすかな。

あとがきにかえて

人類のエネルギーの利用は、五〇万年前といわれる火の使用法の発見に始まる。エネルギーは、民族・国家存続の基盤であり、古代のメソポタミア、インダス、ギリシャなどの文明の衰亡は、その主要な供給源であった森林の崩壊を一因としているといわれる。英国産業革命を契機に、エネルギーの供給源は森林から石炭へと大きく変わっていった。今日の用語でいえば再生可能エネルギーであるバイオマスから、有限の資源である化石燃料への転換である。石炭はやがてより便利な石油へとエネルギー供給の首座を譲ったが、石油、石炭の枯渇欠乏は、強弱はかわっても、引き続いて為政者また世人の危惧の対象であった。特に十九世紀末以降、科学者・技術者は、高効率・低コストでそれらの利用をはかるため、熱力学をはじめとする物理・化学の理論構築、また火力発電、自動車などの輸送用機器、鉄鋼冶金、石油化学など実際的な工業システムの開発改良に励み、それは新たな産業を興し人々に豊かな生活をもたらした。その結果、エネルギーの使用量は人口増ともあいまって急激に増大し、同時に資源枯渇の予兆も現実のものとして実感されるに至った。

五〇年、一〇〇年先の超長期のエネルギーについて、その具体的な需給予測が多く語られるようになったのは、今から三〇年ほど前、二度の石油危機を経験して一〇年ほどのちの一九九〇年頃からのようである。例えば、次のようなものであった。即ち、遠からずして石油、天然ガスの減耗が顕在化し、エネルギー供給の主体は寿命の長い石炭へシフトしていく。西暦二一〇〇年には石炭がエネルギー供給の主体となって、原子力および水力、太陽熱等の自然エネルギーがこれを補完する役割を担う。当時は自然エネルギーに重点はなく、それも現在の太陽光発電、風力発電とは違って、太陽エネルギーの熱としての利用が主体であり、また原子力は基本的には発電利用のみである。二一〇〇年以降は、高速増殖炉、核融合を含めた核エネルギーと自然（再生可能）エネルギーが徐々に石炭を代替していくことが想定されていたろう。これは一例に過ぎないが、石油・天然ガスの枯渇・減耗への対応を中心にした想定である。そして当時既にCO_2への関心はあったが、時とともにその比重が大きくなっていく。ちなみに、これより一〇余年前、即ち一九八〇年代初期には、二〇五〇年には早くも太陽熱・核融合時代になるとする予想もあったことを思うと、この分野の超長期予測の困難さがわかる。

そして今、全くのさま変わりの状況であることは、眼前に見られる通りである。化石燃料の高効率利用や再生可能エネルギーの利活用も、目的は化石燃料の枯渇対策ではなく、同一の効果が得られるCO_2排出低減の趣旨が強く出されるようになった。同じ技術が「石油一キロリットルの節約」から「CO_2排出量二・六二トンの低減」に変わったわけである。更には、「脱炭素社会」として議論されているところは、今は具体的手法が不明の部分はあるが、上記のような想定より一世紀近くも前倒しで、基本的に化石燃料の利用自体を停止することである。具体的には、電力は勿論、運輸、鉄鋼冶金のみならず、現在化石燃料が担っている非エネルギー部分も含めた膨大な量の殆どすべてを、CO_2排出に係らない再生可能エネルギー、或いは原子力で賄うこととなる。即ち、本文中にかいた「曩日《のうじつ》想ひし行く末遥々《はるばる》の心算、今日はたちまち厳しき現実課題へと変ぜる」状況に立ち至ったわけである。

現在は石油文明時代とよばれることがある。例えば、今住んでいる部屋から、化石燃料が関与していないものを除けば、昔ながらの家は別にして、自然に生えた花や草以外、周りには何もない荒地に身一つで裸で立っているということになる。衣料等の化学製品はなくなって当然とは思うが、電気製品、自動車にもプラスチックをはじめ多く石油からの素材が使われている。無機物である硝子、陶器も製造に多くの化石燃料を使う。縁の薄そうな柱などの木製品も、森林からの伐採・持ち出しに石油をつかうし、又かなり前から材木は山からではなく海（海外）から来るからその輸送にも化石燃料を使う。原料から製品の製造、その輸送など、多くの段階で化石燃料が使われている。以前にはよく聞いた類の話である。そういえば、米、肉や野菜も、肥料飼料、農薬などを多量に使い、石油を食べているようなものといわれる位だから、食物からできている我が身さえ残っているかどうか危うい。即ち今、どこかで作られ、そこにあるもので、化石燃料、特に石油の一滴の関与もないものは殆ど存在しない。

低炭素はともかく、脱炭素をめざせば、現在の産業用・家庭用の熱源も含め、結局はこういう部分が課題となってくる。これがもしさしたる難なく可能であれば、化石燃料など、もともとそれほど貴重でも、またその枯渇減耗の怖れを騒ぎ立てるほどのものでもなかったことになろう。例えば、他の製品はおくとして、脱炭素社会成立のそもそもの大前提である太陽光、風力などの再生可能エネルギーからの発電装置、また原子力発電装置自体を、石油の一滴、石炭の一片も使わず、或いは少々条件を緩やかにしてカーボンニュートラルで製造するには、事前にバイオマスや電解水素などをもとにした有機工業化学が相応の実用的体系をもっていることが必要であるが、それは実際にはいつ頃可能であろうか。更には、今、時に「できれば夢の技術」と好意的に報ぜられるものも、多くは時間的には厳しいであろうし、また抑々ことここに及んで、今できてもいない技術に大きく頼るのも無責任であろう。

さて、時期的には上記のあいだ、即ち、再生可能エネルギー利用の拡大が、地球温暖化抑止と化石燃料枯渇の双方に寄与するとされていた今から一五年前、著者は次のように書いた。「いずれにせよ化石燃料と再生可能エネルギー利用のバランスをとりながら歩み始める二十一世紀こそが人類にとって重大な過渡期であることは疑いがない」。重大な過渡期とは二十一世紀全体との意識で記したものであるが、現今の時勢は、二十一世紀中期に脱炭素社会を成就させ、しかも化石燃料の相当量は利用せずして地下に残す算段のようである。もとより相応の覚悟と慮りのもとに画されているとは思うが、このような事態に立ち至った経緯や本質するところは、将来の史家がこの大事業を結末とともに記述するに貴重な素材を提供することとなろう。

森林から石炭、石油、天然ガスの化石燃料、またウランにいたるエネルギー資源の減耗・枯渇は、多くの時代、多くの人々が危惧していたものであった。やや長期的に見れば、予兆はあったものの、今突然に近くCO_2問題という思いがけない理由から、化石燃料の利用を自発的に、かつ完全に近くとめることは、現在化石燃料、特に現在石油の担っている役割の大きさを考えれば、人類の文明史からみても一時代を画する目論見といえる。ものごとは単純になったか、入り組んで複雑さが更にましたか、そして今後、具体的にどのような経過をたどるか、CO_2の温暖化効果については、多くの技術者と同様一般的知識しかもたず、また所謂エネルギー問題の専門家でもない著者には不分明という以外にないが、僭越憚らずしていえば、実際上の困難は承知するものの、どのような形のエネルギーを利用するにせよ、やはりその少ない消費で生き行くすべを人類、国家、組織、また個々人として早く身につけることを基本とすべきではないかと改めて思う次第である。

参考文献

（1）ルドルフ・ディーゼル『ディーゼルエンジンはいかにして生み出されたか』山岡茂樹訳、山海堂（一九九三年）、二六六頁
（2）T・S・アシュトン『産業革命』中川敬一郎訳、岩波書店（岩波文庫）（一九七三年）、一七九頁
（3）ジョン・パーリン『森と文明』安田喜憲、鶴見清二訳、晶文社（一九九四年）、三〇二頁
（4）S・リリー『人類と機械の歴史　増補版』伊藤新一、小林秋男、鎮目恭夫訳、岩波書店（一九六八年、原著一九六五年）、二八五頁
（5）ロバート・J・フォーブス『技術と文明』田中実、赤城昭夫訳、エンサイクロペディア　ブルタニカ日本支社（一九七〇年、原著一九六八年）、一二八頁
（6）クライブ・ポンティング『緑の世界史（下）』石弘之、京都大学環境史研究会訳、朝日新聞社（一九九四年、原著一九九一年）、一〇六頁、二七九頁
（7）貝原益軒『養生訓・和俗童子訓』石川兼校訂、岩波書店（岩波文庫）（一九六一年）、四七頁
※（7）を除き本文では邦訳をもとに文体を変じて示した。

「雑説　技術者の脱炭素社会」自解優游《ゆうゆう》

本篇の趣旨につき、現代文の解説を加えたものである。

自解優游《ゆうゆう》 目次

はしがき

改めて案ずるに、今、いくら新刊本の多い出版界でも、わざわざこのような文語体で書かれたものは、殆どないであろう。勿論、古典や昭和初期までの小説評論の再刊などを除き、新たに書かれたという意味でのことである。まして、現在世界での緊急課題となっている「脱炭素社会」をテーマにした技術に関するものである。もとより、いろいろ考慮した末の内容であり文語文であったが、このままでは、やはり一般の理解は得難く、一老生片々遊戯の作と見做される惧《おそ》れなしとしない、という次第で、ここに自ら解説するものである。

初版本を手にされた方には、技術を扱った本にしては薄く文字数が少ないことに戸惑いがあったかも知れない。本篇は文語文でじき読み慣れてくるとは思うが、それでも通常現代文と比べれば優に三割増しの読感はある筈で、読者にとってもまたこれ位が分量としても程よい感じではと勝手ながら推察したものである。また日頃見慣れない漢字も多数使っており、年若い諸君にはエネルギー・環境問題と漢字の勉強の一石二鳥、*一箭双雕の効果を密かに期待するところである（あとの四字熟語の読みが心もとない文系の方も是非、というより、関係の業務に当たっておられる決して少なくはない文系の方にこそ読んでほしいという気持ちもある）。

「時に面白をかしく格なほ失せず、孫樹先生文つくり拙きながら、これ常は苦心置くところなるが、改めて辿り返すに、ことの性格また力量のしからしめるに依らん、その余裕なきの憾みなしとせず」。

本篇の最後に近い部分に記した反省文である。この自解では省みてできるだけ「面白をかしく」の部分を多く、と思って書き始めたのであるが、草稿の頃にはいくらかあった、末尾に〈呵呵〉、〈笑〉などをつけるべき韜晦文、或いは「閑話休題」に被《かず》けた雑話の類は宙に浮いてしまい、結局、整えて角をとるか削除して不本意ながらやや生真面目なものになってしまった。いささか僭越の咎《とが》あるところ、また諷するところの多い本篇文語文の方が、ある人達にとっては「あはは」と声が出る面白さが残っているように思う。内容をできるだけ判りやすく穏当にという技術者の性がでたものであり、願わくば諒とせられたい。

さて、本篇は多く「ある人」と主人・孫樹先生の対話のかたちをとっているが、最初は、出来れば、三者鼎立《ていりつ》の議論でと考えていたものである。すなわち無条件積極的に脱炭素を唱導・推進する者、その必要性は認めながら程度の差はあれ疑問を呈する者、その二者を調整しつつ別論を述べる主人というものである。ただそれを書き分けるほどの能力はなく、またその意欲も湧かず、結局はいま見られるような、いろいろな「ある人」が所論を述べ、主人がそれに反論するのではなく、補足したり、時に傍観者風の見解を示すというかたち、すなわちすべては筆者の所論、所感を述べるということになった次第である。

文語文といい、対話の形といい、著者としてはかなり思い切ったことを書くつもりでそうしたのであるが、結局はいろいろなところに配慮・忖度してしまった憾みがないではない。とはいえ、この分野の技術者としての譲れぬ一線は越えてはいないつもりである。

本篇の個々の内容は一応、テーマごとに独立して、「序」のあとはどこからでも読めるようにはしているが、全体は次のように構成している。

冒頭に、今いわれる脱炭素社会のそもそもの根拠であるCO_2による温暖化、続いて最近一〇年ほどの急激な世情の変化について概説した。エネルギー利用についての原則や技術者の立場、歴史的経緯などの一般的記述がつづく。いずれも厳格な論証を欠いた技術者らしからぬものであるが、この本の性格上致し方ない仕儀である。

たとえば、次のようなものである。

「脱炭素社会への転換、これ実に社会の基盤たるエネルギーの供給・利用体系の転換そのものなれば、一国の興亡に深く与《あずか》るあり、また滄桑《そうそう》の変なくんばあらず」。

「けだし世にある情報、多く自発して考へるがための端緒にすぎず、この分野の今、別してしかり。「完璧なる部分」は殆ど意味なさずして、「疵多けれど真つ当の全体」こそ肝要なること、エネルギー・環境問題の顕著なる特質が一つと目すべし」。

「すなはち現在の化石燃料、資源の濫費喩《たと》ふに、往昔薪炭バイオマスのことを以てす。前轍見ざれば、後車の危ふきあらん。また今、温暖化気候変動問題の急となり、物語思ひがけず早や蔗境《しゃきょう》に入るの概あり。他は今おきて評さず、この人類にして、脱炭素がため石油の使用、自発的に抑へ止めるを得るや、といふことなるべし」。

発言者「ある人」の言辞は徐々に激しくなっていく。最後に近い部分で、「ある人」が、酔いにまかせて、過激ともいえる口調でいう。

「方今のエネルギー・環境問題、複雑極まりなきものなり。三思を以てなほ足らず、その複雑に歯食ひしばり、身悶へして発せる艱苦の言、信用すべく誠実の証ならん。対するに地球を救ふ、未来を救ふ、これ切り札など大仰標語がもととなる単調の楽観、また全体慮りなき一部一方的の論の類、悉く顧みずして可らんや」。

また続けていう。

「物換はり星移れども、エネルギーは人類また国家の命綱にして、少なくもことこの分野にして、性善暢気《のんき》に看ること、これ不可ならずや。而して、今一番の懸念、低炭素・脱炭素の勢ひを恃《たの》み方便となし、実は相和して目先の功利守らんがため、エネルギー資源多大に使ひ、環境損なふことなるべし。これ元よりあるべきに非ざることと雖も、俄かに杞憂と断ずるに躊躇《ためら》ふものあり。この域、永らく動かし主導し来たるは、熱力学、物理化学の原理原則なりしが、今、何やら違ふものに替はりたるの感あればなり」。

それに対して、主人は慰撫とも日和見ともとれる楽観で応える。

「案じ煩ふに過ぎること、今、甲斐なし。高きより俯瞰すれば、往くべきへ往き、収まるべきに収まる、而してそこ、理より出づるところのものより遠くはあらざらん。されど、その間なる道、眼前の光景見慣れずして、解するに易からずといふ、世に多き進み方の例と了簡すべし」。

そしてその前の、ことの変に困惑する「ある人」の「われ、かくなることおもて業《わざ》にして久し、いつのまにやら旧弊人とはなれり」に、主人は「しかり、われら既に歴たる旧弊人旧紀元人なるべし、それ自覚あるうち疾《と》く退くにしかじ」と同意する。

最後に主人は「脱炭素社会」についての総括的講話をしたのち、「われ既にこのことにおいて尽くせり」として、以降本案には関心を向けぬことを決意する、というのが大要である。

以下に本篇から切り取っても比較的まとまっている文章の若干を抜き書きし、できるだけ*日頃見慣れない漢字は排して、技術エセー風の解説を平易な口語文で加えた。前半は脱炭素に関連する一般的事項、後半（12節以降）は直接的に脱炭素に言及した内容とし、小表題をつけて、これも一応はどこから読んでもらっても構わないようにしている（残念ながら本篇での順序通りとはならなかった）。ある程度一貫してまとまった分は、本篇の「15　脱炭素社会考、講話の事」と「あとがきにかえて」であり、時間に余裕がある向きには最後にこれを再度一覧頂ければ幸いである。なおこの自解はあくまで本篇理解の扶けとなるようつくったものであり、双方の記述内容に矛盾、ニュアンスの差異など感じられた場合には、本篇に依っていただきたい。

〈1　脱炭素の大事業〉

昔日、先生企業にありし時、定年近き先輩に、この分野に経験せしところ、思ふところまとめ著《あらわ》さんことを請ふ。先輩の答へに曰く、斯界《しかい》の動き疾《はや》くして複雑、定見記すること頗る難なり、われ一介の律儀の技術者、豈《あに》疎漏の論、曖昧の言残して、方寸安く余生送り滅せんやと。先生再びは請はずしてこのこと終れり。……表題に「雑説」と冠す。まとまりたる論ならず、いはんや具体的方策提示の意あらざる、以て示すがためなり。9（本篇での頁を示す、以下同様）

この先輩の言葉に反して今手にされているような書を作ったわけである。律儀か否かは自ら判断できないが、また記述内容にも時に僭越にすぎるところもあるが、それでも「一介の技術者」としての立場には留意したつもりである。

今、具体的な個々の技術ではなく、脱炭素社会についてまとまった評論、所見を技術者自身が書いたものは余り例を見ない。この分野のことの様が、「動き疾《はや》くして複雑、定見記することの頗る難い」ことも理由のひとつであろう。ただ、我々より上の年代の先輩方の、現状にかんがみての戸惑いの感覚は、より強いのではと想像する。

表題にある「雑説」は、韓*退之のよく知られた文から拝借した。一つ一つの説の結論はあきらかではあるが、雑多な内容（本著はエネルギー・環境、脱炭素という枠はあるが）の寄せ集めという趣旨である。また併せて本著では具体的な解決策などには及ばない、という意味をも含めている。読者の中には、著者の温暖化、脱炭素対策、原子力や火力発電についての見解が明確でない書物には拒否反応のある方、また結論として具体的なそれを求めるに急の方も多いかと思うが、そのような方々には恐縮至極であるが本著はご期待にそえるものではない。

ただここでは、短期間での脱炭素社会への移行は、人類にとって文明の根幹の変更を伴う大事業とみなすべきであり、今世界が「相応の覚悟」をもってこの「曠古《こうこ》の大事業」に立ち向かっているという認識を前提としていることを記しておきたい。

いうまでもなく、人類のエネルギー利用の歴史の中で、産業革命期の薪炭バイオマスから化石燃料である石炭への転換は最も大きな出来事の一つである。そして今回急がれているのは、化石燃料から、太陽光、風力などの再生可能エネルギーを中心としたCO_2フリーエネルギーへの転換であるが、今回の方が別して困難性が高いことはあきらかである。その規模でいえば、今の化石燃料使用量は石油換算で年間約一〇〇億トンであり、それと比較して産業革命前の薪炭バイオマス使用量は誠に微々たるものであった。また薪炭バイオマスの用途の多くは燃料或いは製鉄向けに限られていたが、今の化石燃料、特に石油は、諸産業のみならず市民の日常生活の殆どすべての面に関与し、そのための技術も広範多岐にわたる。時間的にも、英国に始まった薪炭から石炭への転換は、欧州に波及し米国、日本などへ至るまでに二世紀近くを要したが、今回は明確にあと三〇年弱という期限が切られている。もとより単純な比較は慎まねばならないが、かつて経験のない大事業とする所以である。

〈2　CO_2による温暖化〉

頃日《けいじつ》、さる所にエネルギー技術の講演機会あり。聴講の一人の若き、講演後のわれに寄り来りて問ふ、方今に至るも地球温暖化の議論なほ多し、このままCO_2の排出続かば、温暖化進み地球環境破滅に及ぶべし、これ真実なるや、虚偽なるや、先生如何《いかん》の感をなせるやと。[11]

温暖化に対するCO_2の影響については、工学技術者は専門外であるから、ひと昔の彼らの報文では多くが「温暖化の原因とされているCO_2」になっていたように思う。今でもこの分野の技術者で、人為排出CO_2の将来の気候に対する影響について自信をもって断言できる人は多くはない筈である。その予測法の性格からして、使用パラメーター、結果の不確かさまで含め了解している人は、極論すれば、実際に様々な仮定を含む予測シミュレーション計算をした気候関係の研究者その人、そのグループだけであろう。酸素や窒素と同じ対称型の分子であるCO_2がなぜ赤外吸収能をもつのか、この説明は一般人は勿論、専門分野以外の技術者にはことのほか難しい。温暖化機構理解の基本中の基本ですらそうであるから無理もないことではある。

それに比べると、脱炭素がどれくらいの難易度であるかは、現在これに関与している、ひろく捉えれば膨大といってもよい数の技術者はある程度具体的に判る。従ってほどほどの低炭素迄であれば、すなわち化石燃料の高度利用や、省エネ技術など、これらはCO_2問題がなくとも必要な技術であり施策であるが、それを越えて現在のような脱炭素迄の厳しい要請がなされると、その技術・施策の難しさと、全くの専門外である温暖化予測の不確かさの均衡がより気にかかることにはなる。

ただ、専門外のこと、特にこのような大きくかつ微妙な問題へのうかつな言及の危うさはいう迄もないことである。

〈3　物質とエネルギー〉

今、時にCO_2をして資源となせるもの目にすることあり。これもとより炭素含む物質資源にはあれど、エネルギー資源にてはあらず。或る燃料をば空気（酸素）にて燃焼し、その熱エネルギー利用したるあとのCO_2、これ再び空気にて燃えるべく変えるには、外よりエネルギー加ふ要あり。[22]

いつの世も、定説や常識の打破にことのほか執心される発明家、技術者にこと欠くことはないが、永久機関は昔から情熱が注がれる対象の一つであった。最近よくでてくる「CO_2からメタン」、「水から水素、アンモニア」、表題だけからすると、あからさまに永久機関が可能といっているようなものである。*エネルギーについて、無から有を生む魔法の杖はなく、脱炭素との関係でまず示されるべきは、物質ではなくエネルギーの変化、変換に必要なエネルギーについてである。温暖化の原因とされるのは赤外吸収能をもつ物質としてのCO_2であるが、それは人類が化石燃料をエネルギーとして利用したあとの残留物だからである。

ある若手の先生によれば、何事も単純ですっきりまとまった説明を、一般人のみならず最近の学生諸君も好むらしい。マスメディアも心得ている。脱炭素を目的にCO_2をある燃料に変えるには外から最低限決まった量の、水素等の化学エネルギー、或いは電気エネルギーが必要なこと、さらにそれらをつくるもとは、最近はいろいろと課題も指摘される太陽光・風力発電や原子力などである、というような正確を期すには面倒な説明を嫌うのである。

すなわちここでCO_2、水は原料物質として利用されているだけである。物質とエネルギーの関係は中学でも習うから皆判っている筈とならないのは誠に遺憾なことで、また頭では判っているつもりでも、いざ具体的な話になるとそうはいかぬことも世の中には多いものである。例えば、ある燃料を加熱したら、重量で三割のガスがでていき、そのガスのもっているエネルギーは元の二割だったとして、合計五割のものが出て行ったのか、などと思う人が時におられる。もっとも、このようなことは十八世紀末以降の西欧で明確にされたことで、それまでの人類の大半の歴史では知られていなかったことであるから無理はないともいえる。ただこういう方々が環境やエネルギーの大問題について為政し大声を発していないことを願うばかりである。

〈4　水素の知識〉

縷々《るる》述べきたりしこれらのこと、いづれも今更改め説くに足らざることなり。ただわれ観ずるに、かくなるエネルギー・環境問題考究の大前提につきての知識・認識、一般衆庶は論なく、直接の関係者以外に余りなきが如し、時に嘆を発せざるべからず。……これ、論なき贅余《ぜいよ》の閑話となすに当たらず。昔より識者繰り返し云ひ及べるも、寸毫だに変はらざること、この分野にも少なくはなし。　25

ありふれた草花樹木の名前、例えば山茶《つばき》と山茶花《さざんか》の区別、或いはシェイクスピア劇中の有名な台詞や、唐代詩文家の李杜韓柳が誰々を指すかを知らないのは、やや恥ずかしいと思われる通常一般の生活人もおられるだろうが、一方、CO_2の分子量、エネルギーJと動力Wの関係、燃料電池と蓄電池の違いなど、理系の初歩的知識はなくとも一片の恥の感覚さえもたないのが通例である。

さすれば、脱炭素社会訴求に厳しき今、話題の一つの中心である「水素」についても、これをどうやってつくるのか、一般の理解のほどが時に心配となる。電気が山の中に埋まっているとはだれも思わないし、ガソリンは石油（原油）から作ることも皆知っている。ところが水素となると、なかなか判り難いようである。

水素は、「天より落つるにあらず、地より湧くにあらざる」ものである（二次エネルギーと称される）。そして前節でも述べたように、エネルギーを持たない水を原料としてつくるには、エネルギー保存則によって、他からエネルギーを与えねばならず、それが、例えば太陽光発電からの電力であれば、電気分解*（電解）のために必要なその最少量も決まっている。上記の李白・杜甫・韓愈・柳宗元の類の知識は、現在の社会では何の実用性もないが、こちらは脱炭素社会の理解のためには最低限の「実用的」な知識の筈である。

こういうことに改めていい及ぶことは、以前には殆ど必要がなかった。関与し、またコメントする人が専門家ばかりだったからであるが、多くの人がいろいろな場で発言し関与するようになった今となっては、それはかなり遠い昔のことのように感じられる。

ちなみに現在の水素の大気中濃度は〇・五ppm程度である。今脱炭素のために、いささか無理があるように思える研究や構想も散見されるが、水素がどれほど有用で、「燃やせば水しかできない（恒星*での核融合ではないから当然である）」クリーンなものでも、エネルギーの損失になることはあきらかだからこれを技術革新*によって集めようとする人はさすがにいないだろう。

〈5　燃料電池と電気自動車〉

燃料電池報道華やかなりし頃、これできれば、エネルギー問題すべて解決とでも云ひたきもの少なからず。はては、燃料電池、究極のエネルギーとなせしさへありき。燃料電池はエネルギーにあらず。飢

ゑたる児へ与ふるに食物ならずして、以て煮炊き道具とするが喩へ、相応ずべし。 52

今、電気自動車（蓄電池型自動車）の進展が急速で、一般の関心も極めて高くその利点や課題の議論も盛んである。電気自動車の普及で、まずはあらかた脱炭素の問題もかたづくかのような感さえある。ある年代以上の技術者で、既視感を覚える人は少なくないだろう。

燃料電池が、エネルギーの問題をすべて解決するかのごとく喧伝されたのは二〇年近く前のことである。当時は自動車だけでなく、発電用、熱電併給（コジェネ）用なども利用先として想定されていたし、それは現在でもそうである。高効率、低騒音が特徴であるが、もとの燃料は殆どが化石燃料であった。今回の電気自動車の方が業界も力が入って実用化の進展も特段にはやいことは疑いもなく、また時移ればこと変わって意味合いも異なるから安易な類推は控えねばならないが、どちらも一般大衆に判りやすく関心も高いからこそメディアなどで大々的に打ち出されるのであろう。

勿論、燃料電池、蓄電池とも重要ではあるが、エネルギー利用の流れからすれば単なる変換機器にすぎない。表掲最後の文は飢えた児にエネルギーである食物でなく、その処理道具を与えるという意である。それを搭載した製品・プラントのコストや利便性などは別にして、CO_2排出量という点に限定していえば、もとになるエネルギーをどうするかが第一義の問題であって、それが再生可能エネルギーなのか、原子力なのか、或いは化石燃料なのかということに大半は依存している。少なくともエネルギー関係の技術者は、生産、利用、廃棄までの利用システムの全体を考える習性をもっているから、電気自動車、燃料電池、或いは水素を、直ちに脱炭素や化石燃料節減に結びつけることなどあり得ないことである。

「エネルギー」、「環境」に関する、一般人の知識は重要である。特にこれから、温暖化問題・脱炭素に関連し国際的な摩擦あつれきが高まっていけば、その国の興隆、衰亡は政府や産官学の関係者のみならず、国民全体の知識・識見のレベルに影響されることにもなる。例えば、動力kWと電力量kWhの区別など、どうでもいい話と思う人が大半であれば、やはり困ったことになるだろう。諸メディアの役割は大きく、重いといわねばならない。

〈6　自然エネルギー利用の課題〉

現在の化石燃料、核燃料資源の、またその利用設備の濃縮、集積、安定に対し、量は膨大ながら、自然エネルギーの希薄、分散、変動の本質的なる課題、これら良く克服して以て温暖化、資源枯渇の課題に処し、なほ先の世に繋げる、この重要なることもとより見を異にするものにあらず。[88]

今まで多くの識者が繰り返し評したように、太陽光、風力などの利用にあたっては、その季節昼夜の変動、加えて希薄分散という欠点は否めない。季節や昼夜の変動は、蓄電池や利用システムの革新で対応できる部分もあるが、希薄性の克服は自然エネルギー利用のための本質的な課題である。例えば、もし安定して風速一〇〇mの所が地上に相当面積あったり、太陽光の強度が現状の一〇〇倍の場所があったりれば、これをもとに発電したり産業用に利用することは、我々の現在の科学技術をもってすればさして困難なことではないであろう。ただ、あいにくそういう場所は少なくとも人類が生まれてよりこのかた存在したことはない。

そのような遍くして膨大ではあるが希薄な太陽エネルギーの利用に成功したのが植物であり、数億年の進化の結果として現在の形がある。我々動物はその植物の光合成の成果をエネルギー源として食し、生をつないでいるわけである。そして化石燃料は、過去の光合成の成果、すなわち太陽エネルギーが濃縮した塊である。したがって採取も容易であり、電気や熱などへの変換装置も圧倒的に小さくてすむ。原子力発電の燃料であるウランも同様である。他の動物にとっては将来も殆ど意味がないであろう、これらのエネルギーの塊を人類が独占し本格的に消費し始めてから既に三〇〇年近くが経過した。

今、二〇五〇年までに脱炭素、カーボンニュートラルの目標が掲げられ、この化石燃料の利用の制限が現実的な課題となっている。その代替の主役としては、太陽光発電・風力発電をはじめとする再生可能エネルギーが擬せられている。希薄な存在形態であり、またバイオマス*（バイオマス利用とCO_2排出の関係については巻末の注釈を参照）を除き主たる第一次生産物が電力である再生可能エネルギー主体の、或いは核エネルギーをも併用してつくられる脱炭素社会とは、具体的にはどのようなものだろうか？

化石燃料が将来減耗・枯渇したとすればおのずから脱炭素社会へ移行することになるから、このような考察は昔からいろいろな形でなされてきたが、今や差し迫った課題として唯一最大の化石燃料消費者たる人類の前に立ち現れている。すなわち、「つひに行く道とはかねて聞きしかど昨日今日とは思はざりしを」、本篇にも引いたが、化石燃料を使わなくなる、このいつかくる日を、ほかでもない我々の世代がみずからの意思で設定したということになる。

〈7　核融合と脱炭素〉

宛《あたか》も時、科学技術沖天《ちゅうてん》の勢ひなほ残りてあり。すなはち、核力平和利用に最大限の期待ありて、近き将来、電力は原子力にて賄はれ、貴重有限なる石油、石炭は工業用原料として末永く利用さる。而して核融合の本格的なる実用化成れば、人類、末代常《とこ》しなへにエネルギー問題より自由とはならん。豊富なるエネルギー、これ直ちに移して以て他の全ゆるものの豊富を意味す。62

表掲文は一九六〇年代の状況である。人類のエネルギー利用の歴史からいえば、核利用は火の利用、産業革命期からの化石燃料の利用と並ぶ最大の成果の一つで、それも原子の知識を含む「科学」なくしては成し遂げられなかったものである。

最近、核融合について、小容量カプセルでの実験で「燃料に投入した以上のエネルギーを生み出し、『純増』させることに初めて成功した」との発表があった。これを報じた記事には、CO_2、高レベル放射性廃棄物を出さない「夢のエネルギー」と表題に付言されている。核融合実験でエネルギーの純増はいつかはできることで慶賀しても驚くものではないが、これが今CO_2と結び付けられていることにはやはり驚き、考えさせられるものがある。

ただ、表掲文の通り、「地上の太陽」核融合は一九六〇年代には、すでに将来の人類究極のエネルギーとして期待され、気早の向きには二〇〇〇年には実用化されているとの予想もあった。*一九六三年刊行の一般向け啓蒙書には、「科学の歴史を振り返ってみると、どんな問題でも、予想より早く解決されるのが常なのです。それも往々にして奇想天外な方法で成功するものです。核融合の平和利用という素晴らしい課題も遠からず解決することでしょう」とある。今も研究評価がなされている常温核融合で陽気に盛り上がった一九九〇年初頭はすでに遠い昔になってしまったが、ここでいう奇想天外な方法に相当するかも知れない。

この核融合は少し待てばできる、そうすれば無限にクリーンなエネルギーが得られる、と期待していた時代からすれば、今頃は地上の太陽が、すでに一〇個や二〇個出来ていても不思議ではない。そしてそれは枯渇する化石燃料に替わって、これから数百年、数千年にわたるエネルギー、またそれを元につくることのできる様々な製品の供給（表掲文にある「あらゆるものの豊富」）を保証するものであった。すなわち、核融合技術の確立・実装化は人類のエネルギー問題からの解放であって、CO_2排出低減とは意味合いも異なり、少なくとも脱炭素目標の三〇年内には本格的実用化は困難であろうから、今となっては時期的にも重ならないのであるが、やはりそれと結びつける方が読者の関心を引くのであろう。ただこの種の大元となるエネルギー供給の分野で、画期的な新手法が現れるとは当分思えないし、それは将来世代のために期待はしても前提とできないことはあきらかである。

昨今はこの核融合にかわって、再生可能エネルギーが、廉価かつ無限に供給できるかのような意見も少なくないようであるが、エネルギー分野の将来予測は容易ではないとしておくのが無難のようである。

〈8　エネルギー利用のはじめ「火」〉

……これもとより神話伝説の類にして、現代の考古学、人類学によらば、火の使用の証拠遡るに、五〇万年余前の北京原人に至るといふ。すなはち人類、五〇万年以上前のいつとは云はん或る日、火起したるを以てエネルギー利用の起源と目すべし。而《しか》してこの技術もとに、他の動物に優越して今日の繁栄築くに到れり。[32]

最近の人類学ではヒトの誕生、すなわち類人猿から二足歩行の猿人となったのは一〇〇〇万年前から八〇〇万年前とされる。また我々現生人類であるホモサピエンスがアフリカで生まれたのは二〇万年前であり、「火」の発見は、その間の「原人」のころのことで、五〇万年前の中国周口店の遺跡で、北京原人*が火を使って動物を焼いた跡が発見されている。ただ、これを人類の「火」の利用の決定的証拠とはできないとの異説もある。人類に続いて火を操る次の動物は、さすがに五〇万年や一〇〇万年程度では現れないようで、この点に関しては、人類は当分安泰である。

「火」すなわちものの「燃焼」は、特に産業革命以降さまざまな用途に、また大掛かりとなって利用され、人類のエネルギー獲得の主要な手段となって現在に至っている。今では電気をつくるにせよ、自動車を動かすにせよ、一般には機械の中の見えないところで、化石燃料を「燃やす」ことによって我々の文明が支えられている。

今、脱炭素社会を目指し、再生可能エネルギーとして、太陽光発電、風力発電などの利用・開発が盛んである。ひと昔前の家庭では、炭火に火鉢で暖をとったり、豆炭を使った七輪で簡単な調理をしたりしていた。これらは今の若いひとには想像できない既に遠く過ぎ去った時代である。同様に、今の灯油ストーブで暖をとること、都市ガス或いは液化石油ガスで調理すること、これらも脱炭素社会が成就すれば、遠い過去の想い出となるのであろうか？　すなわち脱炭素社会が、CO_2フリーの電力中心の社会となれば、必然的に通常の意味の「燃やす」という行為は少なくなる。しかし最終的に全くなくなるわけではない。化石燃料ではなく、バイオマス或いは電力起源の水素、合成燃料がその対象に擬せられるが、「燃焼」の技術はこれまでもそうであったように、時代の要請に応じた形で今後とも進化発展しながら重要な場面で利用されていくこととなろう。

〈9 燃焼の本質〉

燃焼の本質は化学反応なれど、それ未だわれら充全に理解してはあらず。否、完《まった》き理解になほ遠きと認めずんばあらず。……かくして、日常接する蠟燭《ろうそく》、ガスコンロの炎、いまだ神秘のままにして、人間の理論・数式を超えて自然はありとの感懐、また適当すべし。マイケル・ファラデーに著明の言あり、「みづから光り輝く蠟燭は、いかなる宝石より美なり」と。[33]

人類が他の動物に優越して繁栄する元となった「火」であるが、その火が燃えるという現象の意味を知ったのは十八世紀後半であった。フランスのラボアジェは、天秤を用いた定量的実験によって、*その本質は空気中の酸素と燃えるものとの化学反応であることを示した。ただ、燃焼反応の詳細については二十一世紀の現在も研究が続けられている。例えば、家庭用ガスコンロで使うメタンCH_4の燃焼について考えてみよう。

*化学反応式で書けば、高校化学で習うように、

$$CH_4 + 2O_2 = CO_2 + 2H_2O$$

となる。この場合単純にCH_4分子と酸素分子が高温で直接反応して、CO_2と水ができるわけではない。反応の中間体として、OHやH原子といった寿命の短い数十もの化学種が関連し、数百の反応が連続的に起こって最終的にCO_2と水分子ができるのであり、きわめて複雑である。現在でもメタン燃焼の化学反応を精確に記述することはできない。

単純な気体であるメタンの場合すらそうであるから、固体である石炭、液体である石油などでは、ガスの揮発や、残留固形物の燃焼もあり、さらに評価が難しくなる。また、燃焼は実際には化学反応だけではなく原料と空気、また生成物の流動・拡散が複合した現象で、かつ高温度でおこなわれるから、近代科学勃興の昔より多くの研究成果はあるが、十分に解明されていないところも多い。燃焼は人類の五〇万年以上前からの技術であるが、日常見慣れたろうそくの炎はまだ神秘的なままなのであり、現在の広範多岐にわたる電力利用の元になった電磁誘導の発見者でもあるファラデーの表掲の言は今日でも首肯されるのである。

ただ、現象の複雑さはともかく、燃焼は理工学的考究の対象であり、条件さえ決めれば、実験には再現性がある。日頃は当然と思っているが、改めて思うに、気候など自然現象の長期予測などと違って、実験によってある命題を比較的短時間で検証できるというのはまことに有難いことといわねばならない。

〈10　燃焼排ガスからのCO_2回収〉

またそれに近きある日、大学恩師と談じる機ありて、燃焼排ガス中CO_2の回収・貯留のことに及べり。今かくなること迄思議する要ありや、謦咳に接して例少なき恩師吃驚《きっきょう》のご様子、昭然今に牢記してあり。烏兎《うと》怱々、経《ふ》ること既に三〇年余に及ぶ。旧弊人たるの感懐宜《むべ》ならんや。[70]

今は良く話題に上るCO_2の回収であるが、誰もが最初に聞いたときには驚愕一方ならぬものがあろう。著者はかつて一五年の昔、次のように書いた。

「確かに燃焼排ガスからのCO_2の回収・処理はその量の膨大さを考えると、容易ではない。回収に要する設備費用、消費される電力、環境への二次的影響などを考慮すれば、研究はともかく実際には実行しないで済めばそれに越したことはない。他の再生可能エネルギー開発や、省エネルギー技術とは意味が異なる。（それらの分野で）目覚しいCO_2対策技術が開発されても、それが順調に全地球規模に拡大・実現するには時間を要し、温暖化の重篤な脅威がその前に訪れることになる可能性は今や否定できない状況になりつつある。諸般の比較考量は困難な議論となることであろう」

すなわち現在は、差し迫った「温暖化の重篤な脅威」が広く認識され、「実際には実行しないで済めばそれに越したことはない」本手法について本格的に計画されるに至ったわけである。実際、低炭素のそれも初期段階ならともかく、この手法なくして本格的な脱炭素は困難であろう。脱炭素のためには、基本的には、CO_2を出さない方法か、CO_2を出してもそれを回収し大気から隔離する、或いは再利用するこの方法を採用する以外にはないからである。勿論、再生可能エネルギー利用などCO_2を排出しない方法を主体とすべきことは当然である。

緊迫した現実的課題から少し離れて考えると、もし燃焼排ガス中のCO_2が液体、或いは固体の状態であるなら、排ガス中に含まれる窒素、酸素、水蒸気などからのCO_2の分離回収は容易であり、液化・固化のためのエネルギー、設備も不要となって好ましいことである。*もしCO_2が常温常圧で酸化鉄や酸化鉛のような固体であれば、円滑な燃焼は不可能であり、できたにしても、今頃はCO_2が地球上のどこにでもゴロゴロとあふれて、人類の生活は困難を極めていただろう。CO_2は気体であるからこそ、太古より世界の大気中にあまねく分布して、生命の源である光合成のもととなり、人類が燃焼という操作によって自由にエネルギーを獲得できたのであるが、今では大量に排出されたそれが、地球温暖化の主因ガスに擬せられる事態に至ったのである。

さらに基本的なことを付け加えれば、化石燃料を効率的に使い、また節約する方がコスト低減にもつながることから、産業革命以来、多くの技術者が関連の技術・プラント開発に取り組んできた。そしてこの高効率化、省エネルギーは、「化石燃料の枯渇抑制対策」と同時にまたCO_2低減による「温暖化対策」にもなってきた。これは幸運なことで、もし逆にCO_2の大量排出が温暖化を抑制できる、ないし寒冷化を招くとすれば、別の大変な議論になっていたであろう。

宮澤賢治の「グスコーブドリの伝記」は、主人公が寒冷気候下での飢饉を救うために火山を爆発させCO_2を大気中に振りまいて気温を上げるという、今の状況とは真逆の筋立てであるが、これもまた、現在の人間の都合だけで悪者扱いされているCO_2の基本的な物性のなさしめるところである。

〈11　経済と脱炭素社会〉

72

けだし今の世、経済のことなくして寸刻だに動かず。「名月や銭かねいはぬ世が恋し」、この上五つけれる昔まだしもとなすべけんや。屋上に太陽電池パネル設くるに、それつくるに要せしエネルギー、かつは排出CO_2回収する年月より、投資費用回収するに要する年月の慮《おもんぱか》り重き、これまた自然のことなり。

「名月や銭かねいはぬ世が恋し」、今は上の句「名月や」をつける風流心・余裕もないのでは、という意である。これは明治時代の俳人岡野知十*の句で、当時は、あの月への往還・着陸など思いもよらなかったことであるが、銭かねに対する想いは今も余りかわっていないようである。歎ずべきか、それとも人間社会での経済の役割の大きさを改めて思うべきであろうか。ちなみに、「月光読書」という貧乏勤勉書生の中国故事からの四字熟語もあるが、その光の強度は、満月でも太陽の四〇万分の一程度であるから、太陽電池の出力は実質上期待できない。

屋上に太陽電池パネルを設置するにあたっては、環境意識、すなわち製造・運用・廃棄に当たっての所要エネルギーの回収期間、排出CO_2の回収期間の考慮より、投資がどれだけの期間で回収できるかの経済的な観点に重きをおいて決するのが一般である。事業者の多くも当然そうである。もっともCO_2回収期間については、来たるべき脱炭素社会では、製造等に如何なるプロセスを採用しようとCO_2排出に考慮は不要であるから意味がなくなる。というより、エネルギーをどれだけ使って何をしようと全体として実質的にCO_2排出のない仕組みの完成した社会が脱炭素社会である。

今、脱炭素はビジネスチャンスと多くの人が公言しており、ビジネスにならなければ、また誰かがそうなるよう誂《あつら》えてくれなければ、手を出さないということのようにもみえる。勿論、世の中を動かすに経済的配慮は必須であるから無理からぬ面もある。表には余り出ないが、脱炭素も所詮覇権闘争や利潤獲得の一手段にすぎない、という単純直接な意見も多い。

ただ、低炭素はともかく脱炭素社会は、そのようなレベルを越えて、いつかはくる筈だった我々の文明の大きな変容の契機と素直に捉えるべきではないかというのが、本小著の趣旨の一つである。

〈12　化石燃料枯渇抑制と温暖化防止〉

転《うた》た今昔、顧みるに、今より時を隔つわずか二〇余年の一九九〇年代中頃、太陽光など再生可能エネルギーの開発、これ化石燃料の枯渇抑制と地球温暖化防止、双方へ貢献せんがためなりき。既に温暖化問題はあれど、化石燃料枯渇対策の比重、より大にして、CO_2何トンの削減といふより、石油何トンの節約といふ表現一般なる時代なりき。[14]

二〇年余前から世界は、将来的に枯渇する化石燃料は貴重とする一つの極から、CO_2発生の元である厄介者の化石燃料は全廃すべきという、もう一つの極へ加速しながら奔り始めた。今まで化石燃料の枯渇は石炭を含めれば一〇〇年二〇〇年先のことと想定して進んでいたものの大きな方向変換である。特に日本では二〇二〇年、脱炭素の政策が明確に打ち出されてから、それまでの「低炭素」の語はたちまちに「脱炭素」に置き換わった。ただ実際に、具体的に表へでてくるのは相変わらず既存電力対応中心の「低炭素」の範囲の話ではある。

もとより世界中で「脱炭素」の議論はなされている。最終的には二〇五〇年のカーボンニュートラルを想定した、横軸に年次、縦軸に石油、再生可能エネルギーなどそれぞれの一次エネルギー使用量をとった予測曲線が各方面にみられるようになった。ただ年次の前半はともかく、後半のその手段や方法は具体的ではないように見える。

二〇年ほど前、すなわち、化石燃料の枯渇を考慮して、或いはそれに温暖化対策を追加考慮して想定された予測カーブでは、各論者、各組織が必要と想定する右肩上がりのエネルギー量から、それぞれの立場・見解によって異なる割合の石油、石炭、天然ガス、原子力分を差し引いた残りを、当時は実質的には殆ど寄与のなかった再生可能エネルギーに期待し、負わせていた。そして概ね二一〇〇年時点でも、化石燃料は応分の割合を担っていたのである。最近のカーボンニュートラル目標では、その横軸の年代の極端な短縮と化石燃料利用の原則廃止が、二〇年前との最も大きな差異であることはいうまでもない。

文明をつくるという観点からすれば、古来からその最大の駆動力は、折々の政治や社会経済を媒介とした「技術」と「エネルギー」であったといえよう。そのエネルギーという人類の生活・文明の土台となるものの将来予測・目標が二〇年余で殆ど異質のものに変わったわけである。今回の「脱炭素」が、半世紀或いは数世紀後のエネルギー史、技術史、また文明史の中で、どのように特徴づけられ、評価されて歴史に残っていくか、その予測は現時点では甚だ困難のように思われる。

〈13　化石燃料の運命〉

人類に多大の恩沢与へし化石燃料、今徒《ただ》ならざる貶斥《へんせき》受けし感もつは、豈《あに》われのみならんや、例するに今より太陽光発電、電気自動車に多く依るとして、その原料の採掘精製より製造廃棄に至るまで、石

油用ゐるなくして能ふ時、いつ来たるや。化石燃料、苟《いやしく》も用捨安易に決し、弊履《へいり》宛《さなが》ら棄つべきものならず、また能はず、この先も心砕きて相応なる対処、宜しくなすべきものならんや。[58]

二〇二三年の現在、どこの国も「脱炭素」を称えながら、東欧での予期せざる戦争もあって、厄介者であった筈の化石燃料確保への執念はすさまじいようである。特に脱炭素を主導している国々が、いろいろな理由のもとに争奪戦を演じている。勿論将来、脱炭素社会成就が近まった時点では、希少金属や核燃料用鉱物のための争いはあるかも知れないが、化石燃料の争奪戦などという言語道断はなくなるはずであろう。

また石炭をやめて天然ガスへという世界的な流れがある。一昔前なら、直ちに「それでは天然ガスの寿命を縮めてしまう」という議論になったはずであるが、そのような動きは微塵もない。もとより、脱炭素を目指すのであれば、化石燃料の枯渇を心配するなど論理矛盾である。ただ尽きるのが早い貴重な石油、或いは天然ガスの使用を控えよではなく、石油減耗のあとかなり長期にわたって頼る予定だった賦存量が多く余裕ある石炭から抑制というのは、時変に鈍な旧弊人からすると、何か不思議なことになった感がある。化石燃料は貴重なものであるから、少しでも多く未来の子孫に残してやるとの、産業革命で石炭を本格的に使いはじめてからの大前提が、子孫が感謝するか否かは判らないが思いがけずも多量に地中に残しおくということに変わったわけである。

今おもてにでてくる脱炭素の話では省かれることが多いが、もとより石油や石炭などの化石燃料は何も発電と自動車の燃料としてのみ用いられているわけではない。現在世界には幾千万とも知れない化石燃料を直接、間接に使った、また使う製品がある。これらすべてを化石燃料を用いずにとなると、大元のところで化石燃料にかわり得るものを見つけねばならず、バイオマスもその候補ではあるが、その役割は多く太陽光、風力をはじめとする電力からの電解水素に期待されているようである。ただ長い目で見れば、少々は偏移するかも知れないが、石油、或いは化石燃料使用量のピークが、ここ数百年の物質文明のピークであったと回顧される日がくる可能性はないだろうか。すなわち我々前後の数世代が生きてきた、また生きていくここ数世紀である。

かえりみれば、人類の利用するエネルギーのもとは、遠い昔の人力、牛馬などの畜力、また風力、水力、或いは森林バイオマスから、時代の変遷とともに、石油、石炭、天然ガスの化石燃料、核力へと主力が移ってきた。ただ、途上国まで含めて考えれば、それらは、付け加わってきただけで、いずれも多少は別にして今も使われており、完全に利用されなくなったものはない。例えば風力、水力は古くは製粉や灌漑や帆船の運行のための力学的エネルギーとして利用されたが、現在では周知のとおり、多く電気エネルギーにまで転換されて利用されている。森林バイオマスは、今も熱エネルギー、構造部材としてひろく活用されている。今回の「脱炭素」では現在最も主要なエネルギー源であり、工業製品のもとでもある化石燃料の使用を基本的に廃することになる。部分的或いは短期間にはともかく、まだ利用できる量があるのに、また何世紀もついやして今の供給・利用のシステムがあるのに、今後わずか四半世紀強の期間でそれらを断つというのは、エネルギー利用の長い変遷にかんがみても、前古かつてないことである。

石油や石炭の利用を完全にやめて、現在と同様の文化的生活ができれば、特に資源小国の日本にとって好ましいことは以前からあきらかなことである。ただもう今の若い人には化石燃料のありがたさ、大切さよりその弊害の方がより強く頭にしみついているのであろう。温暖化抑止のために、人類が自発的に化石燃料を排することができるか、図らずもそれが近々三〇年で分明になる。いささかのはばかり無きにしもあらずではあるが、傍観するにこれほど見ごたえのある大活劇はそうはないだろう。

〈14　電力エネルギー中心の脱炭素社会〉

頃日、メディアに脱炭素につきての評論記事あり。再生可能エネルギーよりの電力を起点となして、現状電力のみならず、運輸用から現在の石油化学製品、すなはち衣料、合成樹脂に到るまでの用途残らず賄ふといふものなり。……脱炭素社会への転換、これ実に社会の基盤たるエネルギーの供給・利用体

系の転換そのものなれば、一国の興亡に深く与《あずか》るあり、また滄桑《そうそう》の変なくんばあらず。[18]

人々に炭素、CO_2などの原子・分子の認識はさらになく、また自らは循環型と後世称賛の意を含めて呼ばれようとは思わなかった江戸時代も、もとより「脱炭素社会」ではあるが、現時点で最も単純に想定される脱炭素社会は、利用するすべてのエネルギーの起源が再生可能エネルギー、或いは原子力であるところの「全電化社会」である。すなわち、燃料や化学製品などは、電解水素をもとにつくられることになる。

このような、燃料、化学製品までを含めてすべてを電力経由とする方法は非常にシンプルであるが、今まで、何故なされなかったかといえば、いうまでもなく電力が高価だったからである。またエネルギー利用を考えると、熱力学上も、電気は熱よりもエネルギーとしての質が高い、すなわち水素を経由する場合も同様であるが、例えば電力を最終的に低温度の熱として利用することは勿体ないことである。今、再生可能エネルギーからの電力が相当量普及し、廉価になってきてはいるものの、脱炭素をめざすにはさらに廉価、かつ大量の電力を要することとなる。すなわちカーボンニュートラルの有機物である「バイオマス」の利用、或いは化石燃料を使用しても排ガス中または工程途中の炭素含有分を、多くの場合CO_2の形で回収・貯留、再利用する方法などとの併用など、諸般考慮の要あること勿論ではあるが、上記のような最も単純な、すべてが電力で賄われる社会を仮想した場合、最重要の課題は、どれだけの量の電力が現在から追加して必要か、ということになる。現状では、電力*の最終エネルギー利用に対する割合は熱量基準で四分の一程度でしかないから、かなりというべきか、膨大な量の追加電力が必要となろう。そして、それは当然ながら貧富格差によらず多くの人が利用できるように安価でなければならない。

江戸時代は、電気エネルギーの恩恵に浴することなく成り立っていた脱炭素社会ではあるが、厳密には化石燃料も使われていて完全なそれではない。石炭は九州北部で「燃石」として薪の替わりに、越後地方で「臭水《くそうず》」と呼ばれた石油は灯火として、また天然ガスは煮炊きや明かりとして用いられていた。勿論これらは微々たるものであり、CO_2排出についてとりたてていうほどのものではない。ただ、首尾よく三〇年の後に脱炭素社会が成就したとき、「実質的」にCO_2排出ゼロの制限のもとで、どのような用途、どのような量の化石燃料の使用が許されることとなるのか、興味なしとしない。

いずれにせよ、化石燃料の利用を止めて、それに代わる太宗を再生可能エネルギー或いは原子力からの電力とすると、現在の日本、また世界のエネルギーフローから大きく変わることは当然であるが、あわせて、いままでのエネルギー利用についての常識や学問・技術の、それも根幹的な部分の変更が必要となることは避け得ないであろう。

〈15　省エネ努力と脱炭素社会〉

ヒトの歴史の大半、飢餓との闘ひにして、利用するエネルギー、もとより僅々の自然エネルギーに過ぎざりき。……「石油文明」、「化石燃料文明」とも称さる今日、これほどに過剰なるエネルギー消費は、何がためなるや、而して次なる段階またその先、如何なるものエネルギー供給の太宗となりて、如何なる文明育むあらんか、或いは、幸ひにそれ持続安定の状に達して、文明に態々《わざわざ》その名冠するの要なきに至らんか、古今世変にくらくして凡慮及ぶところならず。38、40

脱炭素がいわれて、いろいろな民間の活動が報道されるようになった。ただ、CO_2に対してはかなり誇大評価と思われる事例も多い。というより、LCA（ライフサイクルアセスメント）的見積もりは勿論、定量的記述が全くないものもある。取材者がつけたのだろう、そういう記事に限って「地球を救う」などの文言が表題に付されている。

また自分でできる小さなことから始めたい、雨だれも岩に穴をあけることができるという、個人の投書がときどき新聞紙上にみられる。これらの多くは、真率な意図の真率な行動である。点滴が岩を穿つのは物理的にも了解できることであり、人力エネルギーに着目すれば愚公山*を動かすことも勿論可能である。ただ、現今訴求されている脱炭素は全く性格の異なる問題であり、小さな節約をしながら、今の便利な生活は手放さず、というより、将来の脱炭素社会ではさらに快適な生活を望むというのは、少々虫のいい話と思えなくもない。点滴ではなく、大胆に岩を砕く、或いは取り除く態の荒作業が早急に必要とされていると解すべきであろう。とはいえ、首尾よく脱炭素社会が成就しても、またその途上にあっても省エネの意識、地道な節約の励行は今に倍して望ましく有益であり、投書にあるような意欲は大切・貴重に思うべきであることはいうまでもない。というよりこれこそ昔から、エネルギー利用の本質的態度であるべきだったのである。

他の動物は生存のために必要な量を摂食するだけであるが、人類は、石器、火を用いた技術をもったことで、広範な欲望を持つことになった。そして便利なもの、役に立つものは容赦なく使いつくしてきた。エネルギーでいえば、石炭にとって代わられる前の森林が典型的にそうである。古来、周囲の森を伐採しつくして、文明の滅亡にまで至った国や地域は多い。

今、人類は世界平均で一人あたり石油換算、年間約二トン（判りやすいこの換算法も脱炭素社会では一般的ではなくなるだろう）のエネルギーを使い、その大半は化石燃料である。半導体集積回路の密度は一五年間で一〇〇〇倍になっている。*人類が使うエネルギーも、技術革新によって一〇〇〇分の一にできればいいが、人間がマッチ箱の家に住めるような大きさになればともかく、いろいろな事情でそうはいかない。それにしても、化石燃料の埋蔵量については例のごとく諸説あるものの、その寿命が一、二年でもまた数万年でもなく、あたかも今の人類を試すが如き数百年の単位であるのは偶然であろうか。

〈16　脱炭素達成への難所〉

CO_2排出、今の一〇がうち二、三、或いは六、七の削減にあらずして、実質的に零《ゼロ》とせん、はじめは出来得べくも、山場越え掉尾《ちょうび》迫れば、その困難弥《いや》増すこととはならん。　79

「脱炭素には困難が伴うが、もはや待てない」、とはメディアによく見る標語であるが、この難しさは具体的にはあまり示されない。我が国においてCO_2低減手法が一応系統的に出そろったのは今から三〇年近くも前のことである。勿論当時は今日の「脱炭素」ではなく、もろもろの事情を考慮してのできる限りの低減、すなわち「低炭素」であった。脱炭素は低炭素の単純な直線的延長ではなく、五〇から七〇、八〇%と進むにつれ、当然ながら難しい分が増えてくる。低炭素の前半分は政治や社会・経済的観点からの対処で可能な部分も多いだろうが、本格的脱炭素に至る段階では新たな革新を要する技術的課題が優越してくる。時の経過とともにしか判らない障壁もあるに違いない。

例えば、ある金属の製造時のCO_2排出量を、化石燃料の節約によって半減できたという報道記事がある。もとより関係者の多大な努力の成果ではあるが、脱炭素目的には半減では不足であり、当面はともかく一〇〇%減らせる可能性がない方式であれば、いつかまた別の手法に切り替えねばならないことになる。すなわちなるべくCO_2を出さないようにするでは不十分で、一部ではなくすべてというのが脱炭素社会のはずである。

ある技術史家は、人類は歴史を出発させた道具の製作と火の支配以降、今まで二つの大きな技術革命を経験してきたという。第一はおよそ一万年前の農業革命から、灌漑、都市建設等の大規模事業へと進んだ西暦前二五〇〇年前ごろまでであり、第二は中世に徐々に始まり、それ以来たえず速度と大きさを増して、今現在もなお非常に若い段階にあるものである。これによれば産業革命、核力の利用、また最近の情報技術の目覚ましい躍進なども、第二の革命のうちに包含される。そして石炭、石油などの化石燃料は、第二の革命を少なくとも今日に至るまで支え続けた重要な要素の一つであった。ただ、いつの日か石油等の化石燃料が減耗し尽くした時、或いは代替物の方がコストを含め総合的に望ましい形となった時、脱炭素社会とならざるを得ないその必ず来る時は、一昔前には石炭も含めれば一〇〇年、二〇〇年以上先と考えられていたのである。

いずれにせよ、これらにかんがみると、今脱炭素やゼロカーボンなど、頻繁に紙面にあらわれ衆口にのぼるが、時には悲壮の感慨の一抹でも含んで発せられるべきではないか、と思う昨今である。

〈17　エネルギー利用の法則と脱炭素〉

……これ元よりあるべきに非ざることと雖も、俄かに杞憂と断ずるに躊躇《ためら》ふものあり。この域、永ら

く動かし主導し来たるは、熱力学、物理化学の原理原則なりしが、今、何やら違ふものに替はりたるの感あればなり。74

本自解の最初のところでも引いた文である。ここで「何やら違ふもの」、とは、要するに電力、熱、化学エネルギー等についての旧来の利用原則とはやや異なる動きを促しているものであり、読者諸氏、いろいろなものを想定されるかと思うが、著者の想定は次のようなものである。

まずは政治的・社会的な観点に基づいた、国や各方面からの技術者集団への要請、指導等もろもろの外力である。ただこれはこの分野であれば、状況により強弱こそあれ、当然のことというべきでものである。一方、技術的部分についていえば、現状では無理もないところ、また関係者懸命腐心のところなのであろうが、脱炭素のためであれば、何をやってもいい、いややらないといけない、それが今までのエネルギー利用の原則、ルールとは多少異なっても、という志向性である。脱炭素とは、基本的には化石燃料の利用をやめようということであって、必ずしも使うエネルギー量を減じることと同義ではない。そしてその背後には、明言するか否かは別にして、近い将来には再生可能エネルギーが無限かつ低廉に、さらには希少資源の濫費、環境への負荷など様々な課題を克服して供給できるとの想定があるように思える。

勿論、現実的には昔からエネルギー転換・利用の効率や、プロセスの優劣の評価だけでことが進むわけではなかった。エネルギー損失はあっても、実際に有用なシステムであれば、広く世界に実装されることになる。例えば、エネルギーのロスはあっても、気体ではなく化学合成で別の液体にした方が扱いやすい場合、或いは新規の輸送システムをつくるより既存のシステムを有効活用する方が好ましい場合も当然ある。コスト、利便性、安全性などあらゆる要素を考慮して、個別の案件ごとに相応しいものが選ばれることは当然である。ただ今回の脱炭素のためにそれが極端にすぎ、また世界的に一般化されかつ長期におよぶと、より普遍的な命題であり、今後とも最も肉太のフォントで書かれるべき標語「持続可能社会」と乖離《かいり》するのではないか、といささかの危惧を覚えるところである。

〈18 社会の表に立つ人〉

今、エネルギー・環境の大転換の時代にして、優れて政治的なる課題別して多し。社会の表にたちて、範垂れ人を導くべき枢要の人々、自ら任ずるに中流の砥柱《しちゅう》以てするは今いくたりありやは知らねど、なほ古人の言葉の末借らば、彼ら「昼なせしこと、すなはち夜は天に曰《もう》す」の節義と気概あらんを願ふのみ。[76]

個々の技術の本質はだれにも動かしがたい、例えば、ある条件を決めれば壊れるべきものは壊れるし、水から水素をつくるに要する電力は温度が決まれば決まるが、その推進の方向、すなわち補助金や研究開発費対象のテーマの選定には、時世《ときよ》時節のままにいろいろな力が働く。

エネルギー・脱炭素は国や業界の浮沈に直接係ることであるから、少なくとも他の分野に比してその関与の度合いが強いことは当然である。

脱炭素社会構築のため、技術者に対する期待は高いが、彼らが現在この問題への対処の中心にいるかとなると、やや複雑である。昨今の国際社会を含めた政治経済的動きに否応なしに巻き込まれている、という感じもある。大きな社会的関心事となっているこの分野では一般には政治家は勿論、評論家や著名な活動家の寸弁の方が、我々の多くの報告より重宝されるかと秘かに怪しむ技術者も少なくはないに違いない。もっとも集団としての技術者は産業資本の単なる下僕ではないが、その果たす重要度に比して社会的地位は必ずしも高くない、というのは残念ながら以前からのようである。

戦後作家の小説の中に、「諸君までが、この世界は権力によって動くと思ってしまうならば、まさしくそのときにこそ世界はそうなるであろう」という一節がある。小説での対象は法学部の学生であった。法学徒諸子の状況には疎いが、技術者がここでいう諸君らの一人と考えるようになる事態はもとより避くべきであり、そういう意味では、「社会の表にたちて、範垂れ人を導くべき枢要《すうよう》の人々」の責任は重く、ことの本質を見極めたその指導力が強く期待されるところである。

ちなみに、読者諸賢が表掲文をどういうニュアンスで読まれるか判らないが、全体が通常現代文であればここは割愛する部分であり、なんとか叙せるのは文語文だからこそである。加えて言えば、ここの内容も文語体の方が僭越はばかりなく、より具体的に記述できるであろう。

〈19 脱炭素社会への覚悟〉

ある人云ふ、それ、表には時に不得要領に見ゆるも、実は周到なる慮《おもんぱか》りの策ならんと。若き日には然りと解せるも、われ今これ判ずる能はず。而して世変にうとき一般衆庶、深くは思はず、つひには楽観鷹揚の行ひをなす。けだし今の世の人すべて、目先刹那の為す易きを為すのみにして、真の難題は次なる世代へ先送りせんとの黙契あるが如し。75

三〇年後の化石燃料を使わない生活がどのようなものになるか、例えば買い物にスーパーに出かけて、棚に並べてある雑貨や食料が、どうやって作られ、運ばれてくるようになるか等々、考える人はあいにく多くはないようである。少し退いて按《あん》ずれば、逆に脱炭素・脱化石燃料と毎日のように目にし耳に聞きながら、皆がなぜそのような発想にならないのか不思議ではあるが、政治家や官僚が先導し、企業、科学者・技術者が考えてやってくれるとの漠たる想定であろう。

今までメディアなどが並べる新技術の「あとはコストの問題」で終わる記事のすべてが実際

にできていれば、人間はとうの昔にやることもなくなり、天国・極楽のような世界で日がな神や仏と対話していたかも知れない。ただ具体的に脱炭素に限ってみれば、最近とみに多くなった個別技術に関するトピックス風記事の楽観的部分を寄せ集めても、低炭素社会はともかく、自然環境まで含めて調和のとれた「脱炭素社会」ができるとはなかなか考え難い。また報じられる技術も、現実的に可能な技術なのか、夢のような技術なのか、一般の人にはなかなか区別がつかないであろう。いうまでもなく技術は万能ではないし、当然ながら、そうしたい、そうすべきという目標と、実際にどうなるかの予測は全く別であり、特に脱炭素のような大課題については様々な見解がある。実際、化石燃料は二〇五〇年になっても今とほとんど変わらず使われるという予測もある。

そして今、脱炭素推進に積極的に見える当の世界の指導者のみならず一般市民も、化石燃料を排すれば、旧に安んじるがためその代わりを必ず求めるというのが総意であり、またできることはやるが、あとに残されるはずの難題は後の世代がという、現在の世代人としてすべての人の暗黙の契約があるようにも見える。

本篇での表掲文およびその前後の、やや悲観の気味に渉《わた》るところの多い文章は、「ある人」の酔いに任せての言との設定であるが、実態はどうであろうか？　はしがきで書いたように主人は、「案じ煩ふに過ぎること、今、甲斐なし。高きより俯瞰すれば、往くべきへ往き、収まるべきに収まる、而してそこ、理より出づるところのものより遠くはあらざらん」と応えてその場を収めるのである。

〈20　新たな文明への分水嶺〉

今も巷間喧《かまびす》しき既存電力設備の再生可能エネルギーへの変換、これ現実には易からずと雖も、嵯峨《さが》たる脱炭素社会への道のり案ずれば、半途にもなほ及ばずして、低炭素ともかく脱炭素の議論と解すは躊躇《ためら》はるところ、すなはち、真の脱炭素社会への転換はむしろこれ低炭素社会の延長ならずして、われらが文明に係る本質的の変貌意味するものとみなすべし。[79]

脱炭素については、既存の電力また自動車、鉄鋼迄はよく議論になるが、そのほかCO_2排出という意味では比率が大きい産業用の高温度から中低温度域の様々な熱需要への対応が必須にして重要である。さらには家庭用の熱需要、身の周りのプラスチックなどの化学製品製造に関わる分の脱炭素化にどう対応するか。これらの多くはいうまでもなく長い年月と技術革新によって作りあげられてきたプロセスである。

加えて、電力は前述の通り、現在我が国では熱量基準で最終用途のおよそ四分の一であるから、化石燃料が使用されている他の用途もすべて電力起源とした場合、熱量基準での利用効率が同じとすると、脱炭素のためには単純計算でCO_2フリーの電力が現在の四倍量必要となる。これからの省エネ努力、また人口減、また何より電力の高い利用効率を勘案すれば、それほどにはならないにしても相当量が必要であろう。その廉価大量の電力をいかに確保するか。

上述したようなものが脱炭素社会実現のための課題であって、現在主になされている既存分の、それも一部の電力についての云々は、これすらなかなかの難題であることは目の前に見られる通りであるが、脱炭素ではなくまだ低炭素の入り口段階に過ぎないというべきであろう。ただ低炭素の入り口は、脱炭素の入り口でもあるから別に用語に不都合はなく、逆に「低炭素」などという中途半端はもはや許されぬ、という世情でもある。

いずれにせよ、脱炭素社会への転換は生易しいものではなく、我々の文明の一大転機をもたらす大事業と見做すべきであろう。少し前まで盛んに「石油文明」といわれ、事態は今も殆ど変わっていない。それが石油はいうにおよばず「化石燃料」のすべてを基本的に使わないということであるから、文明の問題となることは当然であり、このような言辞が、決して大仰大時代的に過ぎるものではないと信じるものである。すなわち、現今の脱炭素社会へ向けての活動が、「相応の覚悟」と「確かな目論見」によってなされているとすれば、我々は、新たな文明への分水嶺の目撃者たる運命を担っているのみならず、人類の長いエネルギー利用の歴史において、最も多数の国と市民がその変革に最も真摯に取り組んだ誇るべき世代となる筈である。もしその覚悟と目論見なくして今の状況があるとすれば……もとより考えたくないことではある。

〈21 結語〉

何ごともほどほどに、分を弁《わきま》ふ、これ持続可能とせんがための基本ならんや。……古賢も云ふ、「禍ひは、足るを知らざるより大は莫《な》し」、「足るを知る者は富む」と。生命四〇億年前の誕生より曠劫《こうごう》の年月世代かけ進化しきたりしが、すなはち現在の生物にして、その最先端に在るは独りヒトのみにあらず、また太陽光や風、ヒトがためにのみ存するにあらず。88

表掲中国古賢の言の意はあきらかであろう。ギリシャ・デルフォイのアポロン神殿の入り口には、ソクラテスの「汝自身を知れ」と並んで、「何事も度を越すな」という格言が刻まれていたというから、洋の東西別なく、昔からの教えとして伝えられているところである。

エネルギー利用の低炭素から脱炭素に進む大きな時代の流れは、今後も止まることはなく、そのための再生可能エネルギー利用拡大の必要性は、世界の共通認識であろう。ただ、やはりエネルギー利用の浪費ぜいたくを差し控える、という発想なくしては、将来は危ういことを我々は改めて確認すべきと思われる。

自解とはいえ、このような技術についての書の最後に置くのはいかがかとも思うが、これを以て結語としたい。

自解優游《ゆうゆう》の注釈

頁

一〇一　**一箭双雕**　「いっせんそうちょう」（本篇の一七頁に語釈）。偶々であるが日本漢字能力検定協会の令和四年第三回（一級）に出題されている。ちなみに、本篇文語文に使用したもので平成四年度（三回分）に出題された書き取りは以下の通りである。〈掉尾、躊躇、齎す、向後、曠世、就中、瞋恚、双雕、畢竟、頃日、輓近〉。

一〇五　**使用漢字**　以降、本篇の引用以外には一級用漢字（日本産業規格・情報交換用漢字符号 JIS X 0208 の第二水準が目安）は極力用いないようにした。使用したのは人名のほかは比較的良く使われる僭越、飢饉、乖離の三語のみである。

一〇六　**韓退之の雑説**　雑説は全部で四篇あり、最後が高校漢文にでてくる「世に伯楽ありて然る後に千里の馬あり」の馬の説。なお、本篇各節表題の「……の事」は太平記を真似たものである。

一〇九　**エネルギー**　物理学では「仕事ができる能力」のことであるが、本著では特に記さない限り、一般的に使われる広く曖昧な意味として使っている。例えば、化石燃料（石油、石炭、天然ガス）や水素は、正確にいえば、エネルギー自体ではなく、「化学エネルギー」を有し、今は大半が空気による燃焼（酸化）によって、発熱量相当の「熱エネルギー」を発生する「もの」である。また化学繊維やプラスチック等の化学製品は、エネルギー利用とは直接には関係しないが、多く石油から作られ、最終的に燃やせば熱エネルギーを生じ、CO_2を排出するから、ここでの考慮の対象としている。

一一二　**水の電解に必要な電力**　理論的には液体の水を二五℃で電気分解して標準状態の水素一㎥を得るには

三・五四kWh（熱吸収分も電力で補った場合。すなわち水素一㎥の高位発熱量相当分）の電力が必要である。従って、例えば電力コストが五円／kWhであれば一㎥の水素を得るには、電力代として最低一八円程度を要することになる。実際にはこれ以上の電力を要し、また設備費、償却費、運転費なども加わる。またこの電解水素を用いてCO_2とからメタン或いはメタノール、また窒素とからアンモニアをつくる場合には、少なくともそれぞれの反応当量の水素（すなわち電力）が必要となる。これらの合成反応はあいにく発熱反応であり、熱となる分もあるから、製品であるメタンなどのもつ化学エネルギーは、実際のプロセスでの様々なロスを除いても、用いた水素の化学エネルギーよりも小さくなる。ちなみに英国のカーライルとニコルソンが、発明されたばかりのボルタの電池から着想して、水の電気分解によって水素をつくり、電気エネルギーから化学エネルギーへの転換を実証したのは西暦一八〇〇年、今から二〇〇年以上も前のことである。

一一二　**恒星での核融合**　勿論この場合、酸素は不要である。例えば太陽では水素の原子核同士が合体してヘリウム原子核となる核融合反応が起こっている。太陽の中心温度は一六〇〇万度であるが、薄い密度の水素プラズマを用いる地上の核融合炉では一億度以上の超高温が必要となる。

一一三　**大気中の水素回収**　水素ではなく本著の主題であるCO_2について、「大気中三七〇ppmの低濃度のCO_2を、例えば目前の空気中から何らかの方法で、直接回収することが困難であろうことは誰にでも判る」と、燃焼排ガス中一〇％程度の濃度のCO_2回収と対比して著者が書いたのは一五年ほど前である。勿論、工業的にかつ温暖化抑止に意味があるほどの大規模にという意味であるが、こちらはどうであろうか？

一一五　**バイオマス**　木や草などの生物資源（化石燃料を除く）の総称である。ほかの再生可能エネルギーがまず電力の形で得られるのに対し、バイオマスは、化石燃料と同様（バイオマスは化石燃料のもとでもある）熱や電力供給のためのエネルギー源だけでなく、化成品製造の原料にもなりえる。代表的なバイオマスである森林は、樹木の成長段階ではCO_2を吸収するが、定常状態では吸収する量と呼吸或いは腐敗によって放出する量がバランスしている。新たに植林すれば、その成長時の吸収分については、CO_2についてはマイナス排出と評価できる。燃焼によって熱エネルギーを利用すれば、その炭素中立《カーボンニュートラル》の性質でプラスマイナスゼロである（利用するだけでその伐採分を植林しなければプラスとなる）。さらに利用後の排出CO_2を回収すればその分はマイナス（カーボンネガティブ）と評価され、脱炭素社会でもこのマイナス分は、化石燃料を使用できることになる。ここでバイオマスの炭素中立性とは、電力また熱を得る目的で、或いは自動車用燃料などとして利用しCO_2を大気中へ排出しても、そのCO_2はいつかは再び光合成によって植物に吸収されるから、大気中のCO_2濃度に影響しないという性質を意味する。ただ最近は、炭素中立という語は、人類の炭素利用についての全体の収支という、広い意味で用いられることの方が多くなっている。

一一七　**一般向け啓蒙書**　『エネルギーの話』、ミッチェル・ウィルソン原著、清水彊翻訳、タイムライフインターナショナル（一九六七年、原本は一九六三年）、米国タイム社のライフ編集部による、まさしく一般大衆向け啓蒙の書である。

一一九　**北京原人**　北京原人の年代は従来およそ五〇万年とあったり、三〇〜七〇万年前と幅を持たせたりされていた。最近では約七〇万年前との報告もある。また火の利用開始についても、広い範囲の年代でいろいろな説がある。

一二〇　**燃焼の本質**　生物の好気呼吸（酸素を用いて有機物を水とCO_2にまで分解する呼吸）が、燃焼と本質的に同じ現象であることを初めて示したのもラボアジェである。高校生物で習うように、呼吸が燃焼と異なるのは、生成エネルギーの約四〇%が熱エネルギーとして放出されるのではなく、ATP（アデノシン三リン酸）に変換され蓄えられることである。

一二〇　**化学反応式**　化学反応式は質量保存則や、原子・分子・モルの概念など、化学の基本法則が凝縮した、化学者の長年にわたる苦闘の成果であり、視覚的にも判りやすいものであるが、一般には元素記号を見るだけで拒否反応を示す人が多いのは残念なことである。

一二三　**排出CO_2が固体であったら**　燃焼で生じるCO_2が気体ではなく固体であったとしたら、とはマイケル・ファラデーの『ロウソクの科学』で言及されているところであり、実際に酸化物が固体になる例としてあげられているのが、この鉄と鉛である。

一二四　**岡野知十の句**　岡野知十は北海道生まれの俳人（一八六〇－一九三二）。永井荷風「深川の散歩」に、東京深川の句碑近辺の逍遥記がある。

一三二　**日本のエネルギーフロー**　最近（二〇一六－二〇二〇年）の日本のエネルギーフローの概略は次の通りである（詳細は『エネルギー白書』等を参照されたい）。年間の供給一次エネルギー総量は、熱量ベースで20×10^{18}J弱、これを一〇〇とすると、最終エネルギー消費は六七程度、すなわちそれに至るまでの損失が三三である。一次エネルギー一〇〇のうち、CO_2排出のもとになる化石燃料が大半の八五－九〇で、電力用に供される分はその約四〇%であり、残りは運輸や家庭用、産業用として用いられる。そして化石燃料の電力への転換効率は他の部分への供給と比べて低く四〇%程度であるから、この算法によると、最終エネルギー消費六七のうち、電力が占めるのは約一五、割合にしておよそ二五%となる。脱炭素に関連していえば、化石燃料に替えて再生可能エネルギーからの水素をつかい、その最終利用での効率が変わらないとすると、現状電力の四倍分のたとえば太陽光発電が必要ということになる(一次エネルギーとしての化石燃料供給分の熱量相当となると、これよりやや多くなる)。

一三三　**愚公山を移す**　九〇歳の老人愚公が子々孫々までかかっても、山を切り崩し道を開こうとした中国故事。結局は愚公の熱意に感動した天帝が山の神の息子二人に山を背負わせて、つまり人力ではなく神の力によって山を移したことになっている。

一三四　**人類の使用エネルギー量**　現在人間は世界平均で標準代謝量の二〇倍程度のエネルギーを使っている。小型化してもその比が変わらないとすると(大雑把で適当な仮定であるが)、標準代謝量は体重の約3/4乗に比例するから、五gくらいになれば、使用エネルギーは千分の一になる。

一三六　**二つの技術革命**　S・リリー『人類と機械の歴史』増補版、伊藤新一、小林秋男、鎮目恭夫訳、岩波書店(一九六八年、原著は一九六五年)、四一二頁より。

今回の改訂増補版刊行の経緯

「而して先生、このこと、われに於て既に尽くせりとして、これより自ら談ぜず、また受けず。或る個別具体の技術開発に専《もっぱ》らなる日常とはなれり」

本篇の最後に置いた文である。ここで、「われに於て既に尽くせり」はその当時枕上ときに手にとっていた太平記にある、後醍醐帝への再三の諫奏虚しきを嘆じ、妻子を捨て出家した藤原藤房の言からのものである。史実は不明であるが、太平記では驚いた後醍醐帝の命により、父君・宣房卿が説得に駆けつけるが、藤房卿はそれを予期して何処かへ逃れ去ったことになっている。

著者は本篇終わり近くに吐露したような理由から、自ら旧弊人なることを自覚してこの分野のことにこれ以上関心を向けぬこととした。もっともこれまで大学教員として、また著書や雑文を通じて学生諸君や、世間一般に関連技術を紹介し、少々の意見を述べた程度で、もとより当路の人々に物いえる立場でもない。以前より半ば引退の状況であるから藤房卿の父君のような止める人とてなく、全く個人的な問題に過ぎない。

それよりは関連の記事・ニュースにも無関心を努めていたが、暫くすると、この書の内容、記述で特に一般読者に意が通じるか、疑問が生じた。ある学会誌で頂いた書評でも「古風な文章で当方誤解の可能性もあるが」との前置きがあった。この本の趣旨からして、個々のテーマについての正確さは期し難く、またそのつもりもないが、自らの考えに引き寄せて解釈される読者もあるであろう、それはそれで構わないという気がするが、当方の意図と離れた意味にとられてはやはり困る。そこでそのようなことがないよう、加えてこの分野に余り親しくはない読者の参考のためにもなろうかと、心早くも転じ、上梓二年を閲せずしてこの改定増補版をつくるに至ったものである。

今回の版では、本篇文語文の「自解」を通常文で追加し、逆に原著にあった補足資料の文語文の分を削除した。本篇には、仮名遣い等数か所の修正を加えただけで、基本的に変更を加えていない。これで通常文の割合が語数にして全体の半分近くとなった。やはりこの時代、理由はともあれ文語文の書を供するのは特異に過ぎたことを省したがためである。

令和五年　八月

著　者

【著　者】

村上 信明（むらかみ のぶあき）

1947 年　福岡県生まれ
九州大学工学部応用化学科卒業、大学院工学研究科修士課程修了
企業の研究所勤務、基礎研究所所長などをへて
2002 年　長崎総合科学大学工学部教授
2011 年　長崎総合科学大学　新技術創成研究所特命教授
　　　　（現在に至る）
（2008 − 2010 年　九州大学大学院工学研究院特任教授兼務）

関与した主な研究；NO*x* 等の燃焼排ガス処理、固体電解質型燃料電池（SOFC）、燃料電池用炭化水素の改質装置、CO_2 の海洋処理法、発電用石炭ガス化、草木バイオマスのガス化・メタノール合成　など
工学博士
著書『昨日今日いつかくる明日　読切り「エネルギー・環境」』（現代図書、2008 年）、『企業の実験・大学の実験　反応工学実験の作法』（梓書院、2022 年）、特許、論文など多数

雑説《ざっせつ》　技術者《ぎじゅつしゃ》の脱炭素社会《だつたんそしゃかい》
【改訂増補版《かいていぞうほばん》】

令和三年十二月一日　初　　版 第一刷発行
令和四年　九月一日　初　　版 第二刷発行
令和五年十一月一日　改訂増補版 第一刷発行

著　者　村上信明
発行者　田村志朗
発行所　㈱梓書院
福岡市博多区千代三—二—一
電話〇九二—六四三—七〇七五

印刷・製本／青雲印刷

ISBN978-4-87035-780-8